VALORISER LA FORÊT

Ce livre est dédicacé à :

Jacques Deval, mon ancien professeur à IPC Bois Bordeaux et ami, expert international ATIBT (Association technique internationale des bois tropicaux) ; nous avons longuement travaillé ensemble pour Haromite ;

Dominique de Vaugelas, dont la propriété forestière fut un modèle pour ce livre ;

Tous deux malheureusement disparus.

Merci à :

Géraldine Catonné-Minier, qui a assuré la continuité du manuscrit pendant ma maladie ;

Toute l'équipe des éditions de Terran, qui a fait un travail remarquable, pas toujours facile j'imagine.

Directeur de collection
Bernard Bertrand

ISBN : 978-2-35981-141-4
Dépôt légal : janvier 2021

Éditions de Terran – 355, rue de la Montagne-Noire – 31750 Escalquens
Tél. : 05 61 00 09 86 (accueil) – 05 81 91 31 31 (commandes)
Courriel : terran@piktos.fr
Site Internet : www.terran.fr

Bruno Minier

VALORISER LA FORÊT

Propositions alternatives à la coupe systématique des arbres

terran

Sommaire

Introduction **9**

Partie I : Les ressources à rechercher **15**

Chapitre 1 : Les ressources naturelles 16
Chapitre 2 : Les ressources liées à l'histoire 34

Partie II : Les ressources à utiliser **49**

Chapitre 1 : Les bénéfices liés aux arbres et autres plantes des forêts 51
Chapitre 2 : Les bénéfices liés à ce qui nous nourrit 60
Chapitre 3 : Des bénéfices anecdotiques 66
Chapitre 4 : La production d'énergie 71

Partie III : Les ressources à envisager **75**

Chapitre 1 : Profiter de l'énergie des arbres 76
Chapitre 2 : Le tourisme et les loisirs 78
Chapitre 3 : Les productions naturelles 88

Partie IV : L'ultime ressource : le bois **93**

Chapitre 1 : Les fonctions des arbres 96
Chapitre 2 : L'exploitation 114
Chapitre 3 : Fabriquer avec du bois 125

Partie V : Devenir propriétaire d'une forêt **129**

Chapitre 1 : La forêt idéale à acquérir 130
Chapitre 2 : Conseils pour l'achat 134
Chapitre 3 : Déterminer la valeur d'une forêt 139
Chapitre 4 : Faire ensemble 144

Partie VI : La forêt idéale, c'est celle qu'on n'exploite pas **149**

Chapitre 1 : La forêt, poumon du monde 151
Chapitre 2 : La forêt pour se ressourcer 157
Chapitre 3 : Les animaux de la forêt 162

Conclusion **165**

Annexes **167**

Fiche pratique n° 1 : Évaluation des ressources naturelles 168
Fiche pratique n° 2 : Évaluation des sources de revenus 172

Pour aller plus loin **176**

Les organismes de la forêt 176
Les forêts remarquables et curiosités de la nature 177
Les arboretums, jardins botaniques, jardins des plantes, etc. 179

Bibliographie **183**

Du même auteur **186**

Vous qui lirez ce livre, vous entrerez dans l'univers de Bruno Minier, mon papa, qui malheureusement n'aura pas eu la joie de le voir achevé.

Il aurait voulu pouvoir répondre à vos questions et échanger avec vous au sujet de cette forêt, ces forêts qui l'auront accompagné toute sa vie durant. Sa passion.

Il y a une chose que je voudrais ajouter à celles, nombreuses, évoquées dans ce livre : ce sont les souvenirs qui s'y rapportent.

Les pull-overs de Papa sentaient le bois.

Il y passait son temps, il les connaissait sur le bout des doigts, il y avait trouvé sa raison d'être. Il nous y emmenait souvent. Pour moi c'était un lieu extraordinaire, magique, mystérieux et regorgeant de trésors, d'odeurs, de couleurs, de vie.

Je pense que c'est ce que Papa a voulu transmettre. Et je l'en remercie.

Géraldine Catonné-Minier

Introduction

Connaissez-vous votre forêt ? La connaissez-vous vraiment ? De quoi est-elle constituée ? D'arbres feuillus, de résineux ? Et quoi d'autre ? Sa valeur dépend-elle seulement du prix du bois ? Ou recèle-t-elle des valeurs cachées ?

Si votre curiosité vous pousse à aller plus loin sur le sujet, poursuivez votre lecture, car ce que vous allez lire n'a rien à voir avec tout ce que vous avez déjà appris sur la forêt, sur les arbres, sur les bois. Ici, je ne vous parlerai pas seulement d'eux mais surtout du sol, des talus, des fossés, des choses un peu étranges qui m'ont poussé à aller plus loin dans mes recherches. À sortir des conventionnelles exploitations forestières, vers un mode de pensée qui nous force à nous interroger sur le devenir de la forêt pour constituer un rempart contre sa disparition programmée.

Les arbres, la forêt, ont leurs experts quand il s'agit d'évaluer la valeur du bois. Ce n'est pas mon domaine et ce n'est pas cela que nous aborderons. Ce qui m'a intéressé dès le premier contact avec un bois-taillis, c'est tout ce qui se cachait, ce qui n'était pas forcément visible à l'œil nu. C'est toute cette diversité passionnante qui va transformer le regard que vous portez sur la forêt et lui donner une autre valeur à vos yeux.

Au fil des années, de mes explorations, je suis devenu un expert en recherche de ressources naturelles. À votre tour, vous le deviendrez. Laissez-vous guider au-delà de l'essentiel.

Je suis entré dans le monde du bois et de la forêt totalement par hasard à l'âge de 30 ans et ne l'ai plus jamais quitté. Tandis que j'étais en pleine interrogation sur mon avenir, une annonce émanant de la chambre de commerce de Bordeaux me redonna un coup de *boost*, du genre de ceux qui nous animent à un âge aussi jeune. Une formation IPC Bois (Institut de promotion commerciale du bois) allait être créée au mois de septembre, nous étions en mars ; ils cherchaient des candidats. J'étais tellement motivé, alors que mes connaissances forestières se limitaient à la traversée des forêts du Pays basque – Iraty pour ne citer qu'elle, avec ses hêtres majestueux –, que mon dossier fut prêt en un clin d'œil et accepté *in extremis* avant la clôture des inscriptions.

Ce monde de la forêt m'a ouvert tellement de perspectives d'avenir que je ne cessais d'être étonné ; il m'a donné tellement d'espoir que lorsque notre enfant est née, nous l'avons baptisée Sylvie, en hommage à la forêt. N'ayant pas un esprit technicien, j'ai pris dans ces cours ce qui allait dans le sens de ma philosophie de vie et ai voulu me plonger sans attendre dans le concret en achetant quelques bois-taillis.

Dès mon premier achat, très excité, j'ai parcouru en tous sens « mon » bois, retourné des pierres, grimpé sur des talus, pris beaucoup de photos, dressé des plans, fait de nombreux croquis, et je suis arrivé à la conclusion que le bois offrait en fait une multitude de trésors, de ressources, d'opportunités cachées. J'ai vite compris qu'il y avait bien d'autres choses à entreprendre. Ce que je voyais me ravissait, j'avais la sensation d'être un petit explorateur.

Très vite, les professionnels de la forêt ont vu que je n'étais pas un des leurs et que ma recherche était personnelle. Je ne pouvais être un concurrent. Ni botaniste ni scientifique de formation, j'ai tout de suite eu envie de décrire ce que je voyais.

Ce sont toutes ces découvertes qui vous sont divulguées aujourd'hui. Elles pourraient bien changer votre regard sur votre propre forêt ou vous donner l'envie de vous lancer dans l'aventure.

Vous pensiez peut-être que la forêt se composait de différentes essences d'arbres irrémédiablement coupés tous les trente, quarante, cinquante ou cent ans et qu'entre-temps il fallait attendre que tout repousse pour pouvoir couper à nouveau et ne pas savoir quoi faire pendant ces périodes d'attente.

Mon approche, vous le verrez, est bien différente. En arpentant les bois j'ai découvert que les massifs forestiers possédaient bien d'autres ressources que l'exploitation du bois et qu'avant de couper la moindre perche il fallait les

rechercher. J'ai répertorié de multiples sources et ressources et un nombre impressionnant de développements secondaires permettant à un propriétaire de se procurer des revenus sans couper un arbre. Et, bien plus important, de pouvoir jouir en permanence en famille, avec des amis, de l'espace naturel qui nous ouvre, qui vous ouvre les bras.

Êtes-vous souvent rentré dans une forêt ? Si ce n'est pas le cas, alors c'est le moment de le faire – et la bonne nouvelle, c'est qu'il n'y a pas de saison particulière : il suffit simplement de s'habiller selon le temps. Sous la pluie, dans le vent, avec de la neige jusqu'aux genoux, rien ne pourra vous arrêter. Suivez le cours d'eau qui la traverse, arrêtez-vous au point le plus haut et observez la nature. Respectez le silence et vous verrez les animaux sortir de leur tanière, les renards courir après des mulots, les écureuils se déplacer de branche en branche et les oiseaux tourner en rond. Découvrez un monde dont vous ignoriez jusqu'à présent presque tout. Sortez de l'image d'Épinal et partez à la découverte d'un monde sauvage, qui n'est peut-être situé qu'à la sortie de votre village, totalement inconnu tant que l'on passe devant tous les jours sans s'arrêter.

Vous trouverez au fil de cet ouvrage de nombreux conseils pour *exploiter* votre forêt : ce mot n'est pas à prendre au sens destructeur du terme, bien sûr, mais au sens d'utilisation intelligente, créative et respectueuse. Si une forêt offre ressources et trésors qui peuvent vous permettre de percevoir des revenus et développer des activités, la priorité est et doit rester sa préservation, sa quiétude, sa vie : chaque pas de l'homme en son territoire – car quel qu'en soit le propriétaire, la forêt est chez elle avant tout –, doit se faire dans le respect.

« La forêt tirelire »

Dans une forêt, le bois pousse chaque année de quelques millimètres, ce que vous pouvez vérifier en regardant l'épaisseur des cernes d'accroissement sur la coupe d'un arbre, mais aussi en comptant les groupes de branches qui s'étagent chaque année et représentent la croissance externe visible de l'arbre.

On peut comparer cela à une tirelire qui se remplit au fil des jours et des événements. Lorsque celle-ci est pleine, vient le moment de la casser, seul ou en famille. De même, au bout de douze, vingt-deux, trente ou trente-cinq ans selon les essences forestières qui composent votre forêt, les arbres sont mûrs et peuvent être exploités. C'est aussi un événement important auquel participent de nombreuses personnes, car c'est le fruit de longues années d'attente et d'attention qui leur ont été portées.

Et de nouveau les feuillus repoussent jusqu'à une prochaine exploitation[1].

Vous devez régulièrement acheter une tirelire à vos enfants pour qu'ils puissent continuer à recueillir le fruit de leurs succès, des mini-tâches qu'ils accomplissent dans la maison, des gardes d'enfants et services qu'ils rendent avant qu'elle ne déborde. De même, acheter régulièrement des parcelles forestières, c'est alimenter la tirelire de votre famille, ou en tout cas lui assurer pour l'avenir de belles et utiles ressources. La forêt et les revenus qu'elle peut procurer sont ici vus dans un contexte familial et non professionnel.

Plus qu'une forêt tirelire, une forêt providentielle ?

De chaque arbre vous pouvez tirer du bois bien sûr, pour réaliser des matériaux afin de construire votre maison, fabriquer votre mobilier, vos tapis, et même votre vaisselle, assiettes et couverts, vos lampes de chevet, votre literie, les cadres de vos photos et, si vous êtes habile ou un véritable artiste, de splendides décorations et tableaux en marqueterie. Le papier que vous utilisez tous les jours est lui aussi fabriqué avec du bois. Vous n'imaginez pas tout ce qui peut être fabriqué à partir du bois dans une maison !

Les pays nordiques l'ont d'ailleurs bien compris : pourquoi aller chercher ailleurs, notamment dans les productions de l'industrie chimique, ce que vous avez à portée de main et qui constitue votre environnement quotidien ? Le bois est chaleureux, reposant et même vivifiant grâce aux huiles essentielles qu'il contient – dans les aiguilles et les feuilles, par exemple. En plus de nous apporter fraîcheur en été, protection en hiver, le bois est beau, corvéable à merci et tant utilisable que recyclable à 100 %. Mais il possède de nombreuses autres propriétés, que vous allez découvrir un peu plus loin. Si, pour vous, le bois n'est qu'un combustible, vous serez étonné par ce que vous allez découvrir dans ce livre ! Si vous êtes curieux et vous réjouissez à l'idée de connaître d'autres ressources, vous serez surpris.

Trop souvent, les arbres sont exploités sans respect de ce qu'ils représentent en tant qu'espèces botaniques ni considération aucune pour la faune qui y

1. Les feuillus repartent grâce aux rejets qui partent du pied. À l'inverse, un résineux coupé ne repartira jamais.

vit – encore moins pour l'environnement –, et ce, selon des méthodes barbares, comme nous le constatons sur les bords de routes. Quand je vois, en sillonnant les départementales, des broyeuses d'une force considérable réduire en miettes les houppiers d'arbres qui ont mis des centaines d'années à pousser, je suis conforté dans l'idée qu'il nous faut gérer avec une plus grande parcimonie le capital que nous offre la nature et lutter contre la déforestation.

Le documentaire de François-Xavier Drouet *Le Temps des forêts* (2018) témoigne du fait que ce terme, utilisé pour décrire l'arrachage irraisonné des arbres sans respect de la faune ni de la flore dans le but d'installer des plantations, n'est pas réservé à l'Amazonie ou aux forêts d'Asie…

Je voudrais contribuer à proposer d'autres voies pour une gestion plus saine. Mon but est de vous montrer la forêt sous un autre visage, celui qui vous aidera à envisager une gestion plus respectueuse de l'environnement. Dès lors que vous aurez lu l'intégralité de ce livre forestier – vous qui êtes, j'en suis sûr, déjà sensible à la nécessité de protéger la forêt –, vous n'aurez plus la moindre envie de l'utiliser comme une tirelire, d'exploiter ses richesses sans vous préoccuper de son écosystème : vous allez la regarder sous un angle différent tant est grande l'étendue des possibilités qui s'ouvrent à vous.

Une gestion douce de nos forêts devient une évidence. J'espère vous en convaincre, si vous ne l'êtes pas déjà. Commençons par étudier toutes les ressources que la forêt peut offrir… vous allez voir qu'elle recèle bien plus que du bois !

Partie I
Les ressources à rechercher

Chapitre 1
Les ressources naturelles

La vie d'un arbre dépend de l'eau, de la terre, de l'air et du soleil. La première des richesses naturelles, c'est l'eau. Alliez tous les autres éléments et vous aurez chez vous les principales ressources naturelles... Pour les besoins de cet ouvrage, nous nous intéresserons particulièrement à l'eau et à la terre.

L'eau

L'eau assure aux plantes ce dont elles ont le plus besoin pour croître. Et les arbres, vos arbres, n'y échappent pas : elle leur est vitale, surtout avec le réchauffement climatique. Ainsi, le fait qu'une rivière, un ruisseau, des ruisselets, une cascade ou un torrent traversent votre propriété ou celle que vous vous apprêtez à acheter est un plus indéniable. Ils apportent aux arbres, lors des inondations, les nutriments utiles à leur croissance : les alluvions se déposent et se mêlent à l'humus, enrichissant la terre au pied des arbres. Sans eau, pas de vie !

Irriguer les sols

Les arbres de nos forêts d'Europe ne savent pas, comme ceux du continent africain – le baobab –, ou d'Amérique du Sud ou de Sardaigne – les cactus –, se constituer des réserves d'eau. Une bonne irrigation permet de gagner quelques années de production : vous pouvez aider votre forêt en aménageant de simples sillons qui diffuseront mieux l'eau à travers votre bois.

Vous ne possédez aucune source ? Aucune rivière ne traverse votre forêt ? Pas de panique, il existe des solutions !

Vos arbres ont besoin d'eau. Pas d'eau potable ni d'une eau chargée en sels minéraux, tout simplement d'eau, H_2O. De l'eau naturelle, celle provenant des pluies. Normalement, pas besoin d'arroser les arbres, ils savent très bien où puiser ce qui leur est nécessaire, mais en période de sécheresse assurer le minimum pour leur survie ne peut pas leur nuire.

Pour commencer, vous pouvez aménager de mini-bassins de rétention d'eau, des trous, des creux qui se rempliront d'eau de pluie et créeront des flaques et de mini-abreuvoirs. Dans les endroits pentus, vous pourriez installer des citernes alimentées par des rigoles, c'est une première possibilité. Mais d'autres solutions ont été testées au cours de ces dernières décennies, pour peu que vous soyez installé dans une région de brouillard ou de vent :

Les filets capteurs de brouillard

À l'origine de cette idée, il s'agissait de recueillir les gouttes de brouillard pour approvisionner des populations qui vivaient dans des régions ne disposant d'aucune source, d'aucun puits. Le brouillard, qui contient une quantité phénoménale d'eau ne demandant qu'à être captée, semblait une belle opportunité.

Mais comment ? Par quel moyen ? Vous avez sans doute observé que les arbres eux-mêmes captent cette eau contenue dans le brouillard et rejettent le surplus au sol. C'est peu visible dans les bois mais ça l'est parfaitement sur le bord des routes : l'eau déposée configure l'exacte forme de l'arbre sous lequel elle se trouve. Des chercheurs ont donc planché sur les moyens à mettre en œuvre pour la récupérer sans engager de grands frais. C'est ainsi qu'est née l'idée d'un filet capteur des gouttelettes contenues dans le brouillard, récoltées au moyen d'une simple gouttière.

Comment cela fonctionne ? Il suffit de tendre un filet entre deux piquets dans les endroits où le brouillard est le plus fréquent et d'installer des gouttières d'où l'eau s'écoulera dans une citerne. Comme la toile d'araignée piège les insectes, l'eau est ici captée.

Les éoliennes

Un Français, Marc Parent, réparateur de frigos de profession, voyant de l'eau s'écouler des systèmes de climatisation, eut l'idée de produire de l'eau avec une éolienne, le vent fournissant la force nécessaire pour créer de l'énergie. Pour y parvenir, il imagina un système frigorifique couplé à une éolienne. Le principe : condenser la vapeur contenue dans l'air, grâce à du froid obtenu à l'aide de l'énergie produite par l'éolienne, puis filtrer le liquide obtenu[2].

---

2. Voir l'article de Cécile Cazenave, *Géo*, n° 405, novembre 2012.

Son entreprise, Éole Water, a fabriqué un modèle baptisé WMS1000 capable de produire 1 000 litres par jour, soit 1 mètre cube d'eau potable. Pour l'instant, le coût de fabrication reste élevé et le rendement, faible. Pourra-t-on aussi produire de l'électricité, qui se revendra pour amortir l'installation ? Il est encore trop tôt pour répondre à cette question, mais une nouvelle ère se profile à l'horizon, qui permettra, dans un avenir que j'espère assez proche, d'alimenter vos plantations d'arbres précieux et de leur assurer tant une prise rapide qu'un bon développement.

L'idée de base de Marc Parent, étancher la soif des populations privées d'eau, pourrait ainsi trouver d'autres débouchés. Son développement permettrait de fabriquer ces éoliennes en plus grand nombre et de faire chuter leur coût de revient, assurant *de facto* un prix abordable à tous.

Une rivière chez vous

Pouvoir disposer d'eau sous forme de rivière est un énorme avantage, pour toutes les raisons qui suivent.

La conservation par l'eau

Le meilleur conservateur des arbres, c'est l'eau. Vous avez sans doute observé, en passant devant un entrepôt de stockage de bois, des jets d'eau qui arrosent abondamment des grumes – généralement, il s'agit d'arbres de valeur, comme les chênes, entassés en grand nombre et laissés à l'air libre. L'opération a pour but d'éviter que des parasites s'installent sous les écorces et attaquent le cœur du bois en le dépréciant. Comme il ne faut en aucun cas arrêter de recouvrir ces grumes d'un voile d'eau, une autre méthode consiste à les immerger tout simplement dans de grands bassins ou dans des rivières.

Comment a-t-on découvert cette méthode de conservation ? Tout simplement en observant l'état de conservation des poteaux enfoncés dans les ports depuis des siècles. La même méthode était employée pour bâtir des cathédrales et des maisons dans des terres marécageuses : enfoncer des rangées de poteaux puis les remplir de pierres. On obtient ainsi un batardeau, c'est-à-dire un barrage qui permet la réalisation de travaux d'aménagement, durable à l'infini.

De la même façon, on découvre régulièrement des barques ou des navires en bois conservés par la vase, mais qu'il faut à nouveau et immédiatement replonger dans des bains avant de les traiter et de les étudier. Il y a quelques années, dans la baie d'Aveiro au Portugal, à la sortie d'un atelier de construction navale, ont été découverts deux galions qui avaient coulé à leur lancement et s'étaient rapidement enfoncés dans la vase. Des siècles plus tard, ils étaient impeccablement conservés.

L'eau, salée ou douce, est le meilleur conservateur des bois. Les arbres perdent leur aubier (partie entre le bois dur et l'écorce), qui se désagrège, mais le duramen (le cœur) est préservé, dans l'état où il se trouvait au moment de leur immersion.

Vous pouvez ainsi trouver immergés des arbres entiers, des grumes ou des barques abandonnées. Débarrassés de l'écorce et de l'aubier, ils seront parfaits pour confectionner des objets de grande valeur. Voici quelques précautions à prendre : ne les dégagez pas tant que vous ne savez pas quelle utilisation vous allez leur donner. Au moment opportun, prenez soin de les arroser.

À ce stade, le bois a atteint une dureté semblable au fer et peut constituer le meilleur matériau qui soit une fois nettoyé de tout ce qui peut le contaminer : boue, résidus d'écorce, d'aubier.

L'or alluvionnaire

Qui dit ruisseau dit possibilité d'or alluvionnaire. La recherche de l'or ne se fait heureusement pas qu'en amalgame avec le mercure. Cette folle méthode, excessivement polluante, est utilisée lorsque l'or se trouve mélangé en faible quantité avec de la terre ou du sable, ou encore lorsqu'il est prisonnier dans des roches qu'il faut broyer. Lorsqu'il s'agit de pépites, un détecteur de métaux suffit.

Où peut se situer l'or dans la rivière, le ruisseau ou le torrent qui traverse votre propriété ? Essentiellement dans les courbes, là où se déposent le sable et le gravier, et dans ce que l'on appelle « les marmites », c'est-à-dire de vastes trous béants creusés dans la roche par la force du courant depuis des milliers d'années et qui ont pris la forme d'un puits. L'or étant le plus lourd des métaux, il se trouve piégé au fond, et ce, jusqu'à ce qu'il rencontre un obstacle infranchissable, comme de la roche. Il ne vous reste plus qu'à aller le pomper.

Pour pouvoir le récolter :

- Demandez une autorisation à la chambre d'agriculture (la rivière qui traverse votre bois n'est pas votre propriété) ;
- Détournez l'eau pendant votre pompage ;
- Pompez l'eau jusqu'à atteindre la partie où se trouve le gravier ;
- Pompez cette partie en la déversant sur un tapis ;
- Triez et enlevez à la main les plus gros matériaux ;
- Passez le détecteur ;
- Récoltez vos pépites.

L'or se trouve également dans les bras fluviaux morts des cours abandonnés de méandres que l'on appelle des *oxbows* ; dans ce cas, aucune autorisation n'est nécessaire.

Au prix actuel de ce métal, environ 35 euros le gramme, cela vaut bien d'y consacrer quelques heures, n'est-ce pas ?

Un port de plaisance naturel

Que la propriété soit longée par une rivière, navigable par des péniches, des canoës, des voiliers, peut être un atout. S'il y a un chemin de halage, vous ne pourrez pas avoir accès au cours d'eau, mais si votre propriété va jusqu'à la rive, alors vous pourrez, peut-être, aménager un appontement pour les recevoir, un hivernage, un accueil pour différents loisirs, une guinguette. Si la rivière n'est navigable que par des petits bateaux, pensez à créer un petit port de plaisance avec location des emplacements, construction de maisons dans les arbres…

Bien sûr, cela demande quelques gros investissements, par exemple s'il faut creuser un bassin sans dénaturer le site.

Îles ou îlots

Il peut vous arriver de découvrir sur votre terrain une île ou un îlot de bonne taille. Les amateurs de ce genre d'endroits où ils peuvent venir pêcher sans être dérangés et passer de bons moments à taper la carte avec leurs amis autour d'un barbecue sont nombreux. Ici aussi, la location de longueurs sur berge pour la pêche ou les loisirs ainsi qu'un poste d'amarrage sont à étudier. Selon sa taille, l'île est un atout géologique appréciable, un lieu remarquable où l'on a la sensation de vivre en dehors du monde.

Un étang chez vous

Toute surface d'eau, on vient de le voir avec les rivières, peut avoir de multiples utilisations, mais qui pense à fouiller ses entrailles ? Peu de gens ont osé le faire, et ceux qui l'ont fait ne vous diront pas quel fut le résultat. Avant de vous occuper d'installer des habitations flottantes, ne vous empêchez surtout pas de découvrir ce que le fond cache, peut-être.

Ce que cache le fond

Voilà qui promet de belles aventures, lors desquelles vous découvrirez ce que nos ancêtres jetaient pour se débarrasser d'objets devenus inutiles : vélos, roues de charrette – et parfois charrette entière –, barques en bois, squelettes d'animaux ou bien pire… cadavres d'amants trop entreprenants… Je plaisante, je plaisante. Quoique…

Avez-vous un jour dissimulé un bien dans la vase ? Il était autrefois assez courant d'y cacher l'argenterie ou les pièces de monnaie, à l'approche d'une menace, d'une guerre, d'envahisseurs, en cas de risque de confiscation, ou encore pendant une période de terreur ou d'insécurité. Seul le propriétaire connaissait l'endroit où il enfouissait ce qu'il voulait cacher… Une fois cette personne disparue, comment retrouver l'objet ? Posez-vous des questions : cet étang fait-il partie d'un ancien château, d'une propriété, d'un manoir, d'une ancienne abbaye, d'une ferme fortifiée ?

Depuis des millénaires, les riverains jettent tout ce qui les gêne, non seulement des détritus mais aussi toutes les autres choses qu'ils souhaitent faire disparaître. Si l'on jette dans les fleuves, il en va de même pour les plans d'eau et les étangs appartenant à des particuliers : vous y trouverez beaucoup de ferraille, peut-être de la vaisselle et des bibelots en argent, et sans doute des secrets de famille.

Alors, comment chercher ? Commencez par vider l'étang. Puis laissez reposer la vase jusqu'à ce qu'elle se stabilise et que vous puissiez marcher dessus. Munissez-vous ensuite d'un bon détecteur de métaux et armez-vous de patience.

Un petit port intérieur privé

À la différence du port décrit précédemment, celui-ci est sans communication avec un cours d'eau. Tout en conservant sa fonction de réserve d'eau et de plan d'eau pour la pêche où viendraient nicher des canards et poules d'eau, votre étang pourrait bien trouver une nouvelle utilité. Pensez aux loisirs ! Vous pourriez installer à demeure des petites maisons flottantes d'une trentaine de mètres carrés qui seraient louées le week-end et pendant les vacances scolaires, soit près de six mois par an. Sur un plan d'eau de 500 mètres carrés, il est possible d'en installer quatre ou cinq sans que les vacanciers ne se gênent. Chaque maisonnette serait reliée à la terre ferme par une passerelle et ancrée au fond à de lourds ballasts, ce qui donnerait la sensation de flotter sur l'eau. Un petit îlot au centre de l'étang rajouterait à l'exotisme. Un chemin empierré entourerait ce petit paradis où les voitures seraient naturellement interdites, mais d'où partiraient des chemins de randonnée.

Les étangs ne sont souvent pas profonds et c'est très bien ainsi, car 1 mètre d'eau représente une sécurité suffisante sans avoir besoin de le curer, le tout étant de ne pas le laisser s'envaser. Pour cela, dirigez vers lui tous les petits ruisselets qui l'entourent : ils viendront alimenter l'étang et créer une circulation qui l'assainira.

Un tel lieu existe en Charente, entre Confolens et Gençay, près de Pressac : un petit étang avec quatre gîtes flottants et un restaurant. L'endroit ne désemplit pas. C'est charmant, entouré de bois.

Des sources

« Les pays calcaires avec leurs sources, leurs grottes, leurs canyons ou leurs corniches, constituent un patrimoine naturel de premier ordre et font partie des sites les plus visités. En France, plus du tiers du territoire possède un sous-sol calcaire[3]. »

Les anciennes sources, par manque d'entretien, finissent par se tarir car la vase – entretenue par les feuilles qui, à chaque automne, tombent des arbres –, a vite fait de les reboucher. Quelques légères traces subsistent toutefois… surtout après une pluie, qui permet de redécouvrir les endroits les plus humides de la forêt et d'identifier ceux où le terrain redevient boueux et marécageux.

Redonnez vie à vos sources.

Essayez d'en savoir plus sur chacune d'elles : D'où vient cette source ? Est-elle permanente ? Intermittente ? Quel est son débit ? Depuis combien de temps existe-t-elle ? Quel est son nom ? Autant d'indications qui pourront vous être précieuses.

Les sources guérisseuses

Au cours du XIXe siècle, jusque dans les années 1970, avaient lieu de nombreux pèlerinages où de grandes foules se déplaçaient pour vénérer tel ou tel saint qui avait guéri des malades grâce à l'eau d'une source. Certaines de ces sources existent toujours, des pèlerins y déposent même encore quelques pièces. Citons par exemple la source du Rance, dans le hameau de Saint-Méen (Aveyron), celles de Saint-Mesmin (Dordogne), de Saint-Robert (Corrèze).

D'autres sources étaient connues pour leurs vertus soignant les yeux, les douleurs menstruelles, les pieds des pèlerins, la peau et bien d'autres encore. Vichy, Évian, pour ne citer que les plus connues. La source Contresta à Bidart, reconnue depuis le XVIIIe siècle pour ses vertus thérapeutiques, diurétiques et détoxifiantes, est maintenant polluée aux nitrates. Et c'est vrai pour la plupart d'entre elles, même si on vous dira que scientifiquement ce n'est pas prouvé.

3. Pierre Chauve, *Des grottes et des sources*, Belin, « Pour la science », 2005.

Renseignez-vous sur ce à quoi a pu servir votre source en interrogeant les anciens, en fouillant dans les archives de la commune, en consultant les vieux journaux…

Les sources et leur intérêt touristique

Les sources qui donnent naissance à un fleuve, une rivière, un ruisseau ont un grand intérêt touristique. J'ai étudié ces sources il y a quelques années dans l'idée de réaliser un guide touristique les répertoriant et je suis allé en visiter quelques-unes. Je me suis très vite aperçu que leur grande majorité jaillissaient dans des champs, au milieu des prairies ou dans des forêts, et donc dépendaient du domaine privé. Ce pourrait donc être chez vous.

Si vous possédez une telle source : à moins qu'elle ne sorte d'un pli de roche comme la fontaine des Chartreux à Cahors (qui est en fait une source vauclusienne), la source de la Pescalerie sur le causse de Gramat, ou celle de Ladoux à Tourtoirac, c'est le mythe auquel elle peut être attachée ou tout simplement la part de rêve qu'elle apporte qui lui donne son pouvoir d'attraction. Proposez-la à la visite !

La fontaine de Ladoux

C'est une résurgence qui se trouve en contrebas du village de Tourtoirac, en Dordogne. L'eau s'écoule lentement de dessous le causse, assez peu épais à cet endroit, d'une bonne vingtaine de mètres cependant. Le spectacle se trouve derrière votre dos, dans le bassin de déversement. Aux mois de juillet et août, quand il fait vraiment très chaud, l'eau se met à bouillonner, de grosses cloques apparaissent puis éclatent aussitôt sur toute la surface, et cela pendant des heures. Phénomène paranormal ? Pas du tout, tout simplement du gaz (méthane) provenant de la décomposition des matières végétales, feuilles d'arbres pour l'essentiel, qui se déposent régulièrement.

Il suffirait d'une allumette pour créer, de nuit, un spectacle sublime, mais je vous déconseille d'essayer, d'autant plus qu'il s'agit d'une propriété privée. Ne restez pas trop longtemps, car les émanations finissent par vous monter à la tête.

On pourrait citer comme autres exemples celle de Druyes-les-Belles-Fontaines près de Clamecy, surgissant du sous-sol des forêts de chênes noirs, et celle de la Loire bien sûr, qui sont l'illustration parfaite des sources intéressantes pour les randonneurs, qui suivent le parcours du fleuve jusqu'à son embouchure !

Celui d'une rivière représente un intérêt beaucoup plus modeste : la rivière se jette dans un fleuve, qui, en se jetant lui-même dans l'océan ou la mer, est le seul à représenter l'aboutissement de son parcours.

Une source dans une forêt permet de rajouter de l'émotion, du mystère aux fonctions habituelles des arbres.

La recherche de ces sources

Les rivières souterraines se déplacent au fil des ans, entraînant l'assèchement de puits. Il faut donc rechercher où circule maintenant cette eau, qui peut se trouver loin du point où elle était habituellement pompée. Vous pouvez pour cela faire appel à un sourcier ou, encore mieux, apprendre à faire cette recherche par vous-même en suivant des cours de radiesthésie. Vous n'aurez besoin que de deux baguettes de noisetier de longueurs égales.

L'eau en profondeur

Les nappes phréatiques

La nappe phréatique n'a rien à voir avec l'eau de source suintant de terre. Que vous possédiez ou non une source ne préjuge en aucune façon de la présence dans votre sous-sol d'une masse d'eau à une profondeur que seul un sourcier pourra détecter et déterminer. L'eau est en passe de devenir une denrée rare : si vous n'êtes pas trop éloigné de cultures, vous pourrez intéresser un agriculteur et, dans ce cas, en tirer un revenu ou échanger cette eau contre les produits agricoles dont vous avez besoin.

Il vous faudra déterminer le débit et obtenir une autorisation de pompage et d'exploitation.

Les sources souterraines

Elles sont plus nombreuses que celles en surface, car la circulation souterraine est intense, même dans les régions dites « désertiques ». Elles alimentent les nappes phréatiques et drainent, sans que vous vous en rendiez compte, les couches du sous-sol.

En visitant un terrain caillouteux, j'ai découvert un petit effondrement, pas plus large que 1 mètre de diamètre, au fond duquel, à une dizaine de mètres, un ruisseau coulait. Un puits s'était formé et d'autres cavités se formeront, car l'eau en circulation était abondante et le sous-sol meuble. Mais le risque d'être présent à ce moment-là est heureusement assez faible.

Si rien n'indique la présence d'eau, n'hésitez pas à faire passer un sourcier. Renseignez-vous dans les villages alentour pour en trouver un bon, regardez les annonces dans les journaux gratuits et régionaux. Certains offrent leurs services : demandez-leur leurs références et vérifiez.

Ne soyez pas étonné de les voir arriver munis d'une simple baguette en coudrier (noisetier), car c'est un moyen de détection des plus efficaces, utilisé depuis la nuit des temps. Être sourcier est un don qui se transmet de famille en famille, par les femmes à ce que l'on dit, sans toutefois que cela n'ait été prouvé. Un professeur de renom, Francis Rocard, le père de l'ancien Premier ministre Michel, a fait de la radiesthésie une science à part entière qui peut être apprise pour de multiples applications.

Vous pouvez vous aussi avoir le don de sourcier sans le savoir : Philippe Boit, sourcier et trufficulteur, a eu connaissance du sien en serrant la main d'un sourcier d'Aups. Maintenant il communique avec les arbres grâce à l'électromagnétisme pour connaître l'emplacement des sources.

Suivez les racines, elles vous mèneront à l'eau, source d'apport nutritionnel.

S'il y a de l'eau, le sourcier vous indiquera la quantité, la profondeur et, bien sûr, l'endroit. Après, il faudra forer. Contactez plusieurs foreurs pour avoir une estimation du coût et un devis écrit. Ils se chargeront d'obtenir une autorisation de forage.

En plus de faire surgir de l'eau et de capter une source, le forage vous permettra de connaître la composition de votre sol et sous-sol. Vous devez donc être présent au moment du forage et recueillir les carottes pour les faire analyser. Le foreur lui-même saura certainement vous dire la composition de la terre, mais d'autres analyses peuvent valoir la peine d'être réalisées.

Il vous faudra peut-être aménager un bassin de façon à recueillir l'eau pour les animaux, pour l'irrigation du potager, d'arbres que vous voulez planter, ou tout simplement pour votre consommation, ce qui ne manquera pas d'augmenter l'intérêt économique du forage.

Des sources minérales

D'une façon générale, les sources minérales ne peuvent être intéressantes à exploiter qu'avec un gros débit. Mais il y a des exceptions : celles dont l'eau a des vertus curatives peuvent être reconnues et l'on peut alors commercialiser l'eau en quantité plus faible parce que le prix de vente à la bouteille laisse une marge confortable.

Il faut donc rechercher la source, faire analyser l'eau, évaluer le coût d'exploitation (matériel pour l'embouteillage), déposer une demande d'exploitation, déterminer qui va l'exploiter et comment la vendre : les magasins de produits naturels sont demandeurs. La vente par vos soins est un atout qui vous permettra de constituer une clientèle potentiellement intéressée par tous produits provenant de votre forêt.

La terre

La terre fertile

La terre fertile sert à la croissance de vos arbres. Une première couche, l'humus, est composée des feuillages qui année après année s'entassent au pied des arbres et, selon leurs espèces, résineux ou feuillus, lui apportent une partie des nutriments nécessaires. Si la forêt est très ancienne, l'humus peut atteindre plusieurs dizaines de centimètres d'épaisseur.

Mais, s'il s'agit d'une forêt récente, de boisements spontanés nés de graines déposées par le vent et les oiseaux qui sont venues recouvrir les terres agricoles, on trouve alors une deuxième couche. Les arbres trouvent leurs apports dans cette couche également. C'est sa composition qui donne les meilleures forêts, futaies de chênes, de frênes, d'acacias, de sapins, de mélèzes, de pins maritimes, de peupliers, arbres au bois d'une qualité inégalable.

La connaissance de cette terre est indispensable. Or, vous vous en doutez bien, toutes les terres ne sont pas identiques : l'enjeu n'est pas d'essayer de lui apporter ce qui lui manque mais d'adapter les plantations à sa composition.

Il convient donc d'analyser la terre, et d'abord son pH. Qu'est-ce que le pH ? Chaque jardinier ou propriétaire forestier devrait connaître le pH de son sol, c'est-à-dire son taux d'acidité.

Pour connaître le pH de votre terrain :

- Prélevez un peu de terre, que vous déposez dans une petite boîte. Si vous avez un grand terrain, vous pouvez le faire en différents endroits et toujours séparer les prélèvements dans des boîtes différentes avec indication du lieu.
- Faites un croquis de votre terrain où vous indiquerez des repères grâce à des numéros piqués aux endroits des prélèvements.
- Apposez votre nom sur chaque boîte et apportez-les au laboratoire dont les coordonnées vous seront indiquées par la coopérative agricole ou forestière la plus proche.

À fleur de terre

Quelle que soit la recherche que vous allez mener, elle se distingue en forêt de celle réalisée sur un terrain nu, une terre agricole, un terrain empierré. En forêt, ou dans n'importe quel bois-taillis, le sol est recouvert d'humus entassé depuis des décennies et auquel chaque année se rajoute une couche provenant des feuilles mortes, des branches cassées, des arbres qui pourrissent, des animaux morts. Vous ne voyez de ce fait pas grand-chose sur le sol. Pour l'étudier, vous devez donc enlever cette couche opaque.

Procédez ainsi :

- Déterminez sur le terrain quelques placettes de recherche ;
- Reportez-les sur une carte ;
- Dégagez un trou d'environ 60 centimètres de diamètre ;
- Creusez jusqu'à atteindre la couche d'origine ;
- Maintenant vous pouvez commencer vos investigations.

Les différents types de sols

Ce que vous ferez de votre forêt sera déterminé par son type de sol et la composition de celui-ci.

Des gravières

Le gravier sert à la fabrication du béton armé. C'est un bon filon et un matériau de plus en plus demandé. Mais avant de le vendre, il vous faut une autorisation d'ouverture de carrière. Ne manquez pas d'examiner à la loupe ce que ce gravier peut renfermer : les métaux précieux ont la particularité d'être lourds et chaque année de s'enfoncer encore un peu plus dans le sable ou le gravier dans lesquels ils se sont accumulés depuis des centaines d'années. D'ailleurs, si vous possédez une rivière ou un ruisseau qui traverse votre propriété, ne manquez en aucun cas de creuser dans les courbes à plusieurs mètres si nécessaire pour rechercher les précieux matériaux : s'il y en a, c'est ici plus qu'ailleurs.

À Angeac, en Charente, dans les alluvions quaternaires déposées par la rivière depuis quelques dizaines de milliers d'années, des conducteurs d'engins qui creusaient la carrière de graviers ont mis au jour des défenses et des vertèbres de mammouths. Des fouilles plus poussées ont permis la découverte d'ossements de dinosaures, de fragments de carapaces de tortues, de crocodiles, de poissons et de plantes fossilisées en très bon état.

Une montagne de graviers peut constituer un moyen de conservation improbable et vous amener à des découvertes archéologiques majeures.

Des tourbières

La tourbe est le premier stade de décomposition du sol avant sa transformation en charbon qui prendra des milliers d'années. Elle est utilisée pour le chauffage, quoique d'un rendement faible (en Irlande, on fait avec ce que l'on a à proximité), et surtout en tant que compost pour les fleurs.

Comment la tourbe se transforme-t-elle en charbon ? Le processus est bien entendu long, très long. Alors, pour faire court, voici comment cela se passe : au fil de nombreuses années, l'humus provenant de la décomposition naturelle des arbres et des plantes s'accumule en couches successives. Puis ces couches se recouvrent de roches qui vont venir exercer une pression entraînant un échauffement de l'humus, qui se transforme en charbon. Mais cela prend des milliers de milliers d'années.

Dans le Limousin, dans les Vosges, les tourbières sont nombreuses et maintenant protégées. Il était temps, car pendant des années elles ont été asséchées pour être transformées en prairies. Leur humidité est indispensable à la flore, à la faune et aux migrateurs. C'est d'autant plus crucial dans le département de la Haute-Vienne, qui est couvert de petits étangs.

Du sable

Le sable de rivière s'épuise et son exploitation est de plus en plus restreinte. Heureusement, on en trouve encore dans les anciens lits de rivières et aux alentours de ceux-ci. Son exploitation est précieuse car l'utilisation du sable de mer, même dessalé, a un coût élevé.

Le sable peut être utilisé à des fins autres que la construction et le bâtiment : selon sa finesse, pour le démoulage des pièces d'acier (région bordelaise), notamment dans l'industrie automobile, par exemple, mais aussi pour la fabrication du verre. Selon le type de verre que l'on veut obtenir, le sable, ou silice, entre dans sa composition en quantité variable, mélangé avec d'autres composants qui augmentent son éclat, sa dureté, sa résistance, son élasticité (verres à optique, vitres, gobelets). Avec de l'oxyde de plomb, on obtient du cristal.

Le sable sert également au décapage des façades de maisons car, propulsé avec force, il agit comme du verre. Il entre aussi dans la composition des pneus, des panneaux solaires, du fuselage d'avions, de la terre agricole, du dentifrice ! Si vous trouvez du sable, faites-le analyser pour connaître sa composition et déterminer les utilisations potentielles.

C'est donc un matériau de choix à rechercher, et vous serez aidé par quelques indices en surface. Ici aussi, il vous faudra une autorisation d'exploitation, à demander au BRGM (Bureau de recherches géologiques et minières) et de plus en plus difficile à obtenir. Donner la carrière en concession à un professionnel est sans doute le plus judicieux. Vous pourrez toujours en prélever pour votre propre usage, en proportion modérée. Sablières et gravières se transforment en étang après leur exploitation.

Du kaolin

Cette terre, découverte dans la Haute-Vienne, fut à l'origine de la fortune de ce département (très innovant en matière de produits à haute valeur ajoutée) et des familles de la région, grâce à son utilisation comme matériau de base pour la fabrication de la porcelaine de Limoges, grande pourvoyeuse d'emplois. Les gisements sont aujourd'hui épuisés.

Vraiment ? Tout a-t-il été fait pour en rechercher ?
Voyons la façon dont est conçu le mot « découverte » : dé-couverte, c'est-à-dire « enlever ce qui couvre ». La première chose à faire est donc de réaliser un carottage au moyen d'un appareil manuel et de « dé-couvrir » ce qu'il y a dans la première carotte après avoir dépassé la couche d'humus : il s'agit d'enlever la première « couche ». Elle ne sera probablement pas profonde, mais elle peut contenir des indices superficiels. Dans le département, au détour de certains chemins, des couches de terre blanche apparaissent dans la partie découverte lors de leur aménagement. Du kaolin ?

Un carottage manuel est une opération indolore pour la forêt, qu'il faut répéter en plusieurs points de votre terrain. Faites le tour des forêts situées autour de ce terrain. Consultez les cartes du BRGM pour connaître les emplacements d'anciennes carrières. Si aucune carrière n'a été exploitée, ça ne veut en aucun cas dire que votre terrain ne recélera pas un filon.

S'il le carottage se révèle positif, il vous faudra évaluer l'importance du gisement. Ce n'est qu'après que vous pourrez requérir une demande d'exploitation et, en l'attendant, vous renseigner sur la valeur de l'exploitation de ce kaolin.

Des terres jaunes ou colorées

Il faut distinguer :

- Les terres colorantes employées pour les techniques picturales, en mélange avec d'autres ingrédients (huile de lin, bière, œuf, cire d'abeille), provenant en majorité d'Italie mais aussi des Baux-de-Provence, avec la bauxite, pour l'aquarelle, le badigeon ;
- Les terres utilisées en mortier mélangées avec de la chaux, pour construire, rénover selon la tradition ;
- Les terres destinées à recouvrir les sols extérieurs à l'état brut, comme pour les terrains de tennis en terre battue – une terre que l'on ne trouve pas dans la nature mais qui provient du broyage de pots en terre cassés ou de restes de tuiles et briques, donc de la terre cuite.

Elles sont toutes recherchées, pour de nombreuses utilisations différentes. Dans un premier temps, prélevez des échantillons pour les faire analyser, vous chercherez ensuite ce que vous pourrez en faire.

De la terre glaise

Il suffit de parcourir les régions pour apercevoir des tuileries en activité ou abandonnées. Cette terre rouge, très caractéristique, avec laquelle on fabrique des poteries ou des tuiles romanes ou canal, est très convoitée. La plupart des anciennes tuileries ont été abandonnées à cause d'un matériel trop vétuste, jamais modernisé, mais aussi faute de repreneur ou d'une descendance motivée. Elles ont laissé leur place à de grands groupes industriels disposant d'un outil moderne et capable de répondre à des demandes importantes.

De nombreuses tuileries pourraient être remises en état, car elles représentent un outil artisanal remarquable qui, lui, ne cherche pas à faire du volume mais de la qualité.

Vous pouvez trouver, au milieu de vos bois, d'anciennes tuileries. Attention : il est important de savoir, avant de vous lancer dans leur exploitation, pourquoi elles ont été abandonnées. Par vétusté ? À cause de la concurrence ? De filons de terre épuisés ? Il vous faudra bien entendu acquérir ce savoir-faire encore présent dans les mémoires et pouvant être enseigné par quelques anciens… mais ce dont vous aurez le plus besoin, c'est de matière première, et celle-ci se trouve peut-être bien dans votre sous-sol, à faible profondeur. Et vous voilà reparti pour une campagne de carottage.

Profitez de l'engouement général pour le retour au naturel, à l'authentique, au beau, pour réaliser votre rêve de mettre les mains dans la terre glaise, en étant innovant. Ne mettez jamais vos pieds dans les pas des autres.

Pierres fines

Au milieu d'un amas de pierres (sauf lorsqu'elles sont de même nature) ou sous l'humus, peuvent se cacher des pierres fines. Les reconnaître requiert une certaine connaissance doublée d'une expérience sur le terrain, d'autant plus que la beauté est souvent cachée à l'intérieur de ce qui ressemble à un caillou. Laissez cette recherche pour plus tard, lorsque vous aurez exploré tous les autres potentiels.

Terres oubliées

Que vous possédiez 20 ares ou 2 000 hectares, ce livre est fait pour vous, car quelle que soit la taille de votre parcelle forestière, vous rencontrerez au moins une des situations décrites ici. Plus importante est sa surface, plus vous allez les accumuler.

Les déserts

En Europe, nos déserts ce sont les causses, et pas seulement ceux du Larzac ! Il y en a bien d'autres, du Berry à la Dordogne, de la Franche-Comté à la Côte-d'Or et au pays de Langres, des Alpes dauphinoises aux provençales, où la pierre calcaire alterne avec des bois-taillis de plus ou moins de valeur, de nombreux genévriers et du buis ou quelques touffes d'herbe. Pour certains, c'est effectivement le désert ; pour vous, ce sera un nouveau terrain de jeux avec des grottes à rechercher, des arbrisseaux dont vous saurez quoi faire… Il suffit d'être un peu géologue dans l'âme, et l'envie de trouver pourra se transformer en passion dévorante.

Vous souhaiterez remettre en valeur les bois qui étaient présents du temps où l'agriculture constituait à elle seule les deux mamelles de la France, en plantant des haies dont l'ombre facilitera la repousse de l'herbe – la chute des feuilles et des branches mortes se chargeront de reconstituer l'indispensable humus.

Bush et steppes

Le bush est une formation végétale formée d'arbrisseaux et de sous-arbrisseaux épineux, parsemée d'arbres isolés, qui peut se transformer en steppe. Nos steppes sont des terrains occupés par les ajoncs, les genêts, la bruyère et les fougères du plateau des Millevaches (*vache* signifiant « source » dans le Limousin… et l'expression « vache qui pisse » prenant ici tout son sens), des monts du Lyonnais, du Vivarais, du Beaujolais, des Landes de Gascogne. Souvent la tourbe n'est pas loin… Il faudra adapter la culture à ces terrains et au climat. Pensez à la lavande, au lentisque par exemple.

Ce sont des terres abandonnées, livrées à elles-mêmes, qui sont très vite retournées à l'état sauvage. N'hésitez pas à les entretenir pour inciter les oiseaux à les peupler, les migrateurs à venir y prendre des forces.

Maquis et garrigues

Vous pensez tout de suite aux endroits couverts de fourrés de broussailles où se cachaient encore il n'y a pas si longtemps les bandits et les personnes en difficulté avec la justice ou tout simplement la société ? Vous y êtes, nous parlons bien de la même chose. Ces terres portent aussi des bois-taillis, de chênes verts, coudriers, aubépines, pruniers, genévriers, rabougris parce que non entretenus, mais faciles à remettre sur pied, et beaucoup plus vite que vous ne l'imaginez.

Mais que cela ne vous empêche pas d'organiser des parties de cache-cache, de gendarmes et de voleurs, pour le plus grand plaisir des enfants et des grands que nous sommes devenus. En tout cas, gardez des parcelles de biodiversité, ne serait-ce que pour ne pas perturber les animaux qui s'y trouvent bien… ce sont eux, les habitants.

Clairières

Pour nous qui voulons développer notre forêt, les clairières sont un espace idéal de créativité. À l'intérieur, nous pouvons laisser libre cours à notre imagination pour aménager, planter, ou construire un petit hameau douillet. Elles doivent donc faire l'objet d'une grande attention. Pourquoi rien ne pousse ici ? Quelle est la nature du sol ?… Fouillez toutes les possibilités avant de décider quoi que ce soit.

La roche

Vous ne trouverez bien sûr pas les mêmes roches selon la région où se trouve votre parcelle forestière. Pour les Baux-de-Provence, c'est par exemple la bauxite. Je vous conseille vivement, au passage, d'en apprendre plus sur les périodes de formation des roches.

Observez-les. Vous trouverez de la pierre ponce dans les régions volcaniques, qui possède bien des utilisations. Et peut-être trouverez-vous une météorite. En théorie, plus la couverture forestière de votre région est élevée (90 % en

Corrèze par exemple), plus la probabilité de recevoir une météorite le devient. Enfin, c'est très relatif. Néanmoins il en tombe des milliers chaque année, dont la majorité finit dans les océans. Ne partez pas à leur recherche sans avoir au moins un indice : un arbre (voire une branche) cassé et brûlé. Il vous faudra un détecteur de métaux.

Vous pensez en avoir trouvé une ? La masse est un critère, mais le mieux est de la faire examiner par un musée géologique ou un expert.

Dans le Limousin, n'hésitez pas à visiter le musée de la Météorite. En effet, la région a été impactée par ce phénomène : il y a 200 millions d'années, une météorite géante de 1 kilomètre et demi de diamètre, l'une des deux plus importantes tombées en Europe, a fini sa course à 5 kilomètres de Rochechouart (tiré de « roche » et « Chouard », le nom d'un fermier), la force de l'impact ayant tout détruit à 200 kilomètres à la ronde. Sa masse s'est fondue avec les matériaux présents sur place, créant une nouvelle pierre dite « brèche d'impact », de différentes couleurs, que l'on retrouve dans les murs des maisons. La dernière carrière a été fermée il y a peu de temps.

Les roches peuvent aussi devenir des objets de décoration dans les jardins : le granite s'y prête bien avec de gros blocs arrondis de forme ovale. Le calcaire, quant à lui, donne souvent des pierres alvéolées très recherchées. Il existe une clientèle pour l'esthétique, le décoratif, pour laquelle le poids et le prix ne sont pas un problème.

Dans les profondeurs, le sel gemme

Il est présent sous toute la croûte terrestre, à des profondeurs variables. On en trouve de toutes les qualités et donc pour différentes utilisations. Les méthodes d'exploitation peuvent se faire à ciel ouvert lorsqu'il n'est pas trop éloigné de la surface ou par injection d'eau sous pression. Aussi incroyable que cela puisse paraître, le sel gemme est une matière première recherchée, comme sel de table, pour le bétail, ce qui augmente la qualité de la viande et sa saveur (les animaux s'en délectent), pour la conservation des aliments (poissons, viandes, beurre…), pour le déneigement des routes, pour l'industrie agroalimentaire, qui ne peut s'en passer pour l'élaboration des plats cuisinés, pour la production de carbonate de sodium, pour la production électrolytique de chlore dans l'industrie des plastiques. Et j'en oublie certainement.

Il faudra, comme pour toutes les matières naturelles que vous allez trouver, connaître ses destinations possibles, puis évaluer son potentiel. Tous les sels ne se ressemblent pas.

Une extraction par pompage ne représentera pas une grande gêne pour votre forêt, à l'exception des pertes d'eau saumâtre autour du site d'exploitation, que vous devrez contenir. Faites analyser l'eau pour connaître sa composition et éviter de polluer les terrains adjacents et le vôtre.

Chapitre 2
Les ressources liées à l'histoire

Les vestiges humains

On le sait, les campagnes étaient autrefois beaucoup plus habitées qu'elles ne le sont aujourd'hui. Ainsi, il se pourrait bien que la parcelle que vous venez d'acheter soit la terre d'une ancienne ferme où les bois ont poussé spontanément.

D'anciennes constructions

Oui, quand on abandonne la terre, la nature reprend ses droits. En quelques années, le taillis envahit ces terres abandonnées qui constituent un terreau remarquable pour l'implantation naturelle des bois feuillus. C'est ainsi que naissent la plupart des bois-taillis, envahissant les maisons, les étables, la cour, bouchant les puits et mares, qui retournent à l'état sauvage dès l'instant où ils ne sont plus entretenus. Ces ruines sont plus nombreuses que vous ne l'imaginez. Normalement, elles devraient figurer sur les plans qu'on vous a remis. Si ce n'est pas le cas, allez faire un tour au cadastre et profitez-en pour vérifier que, le cas échéant, vous auriez le droit de les réhabiliter. Beaucoup de vendeurs ne savent même pas ce qu'ils ont chez eux et, lorsqu'il s'agit d'une succession, le notaire ne s'est pas donné la peine d'aller voir sur place, chaque vendeur étant censé connaître ce qu'il vend.

Vous devrez consacrer une bonne partie de votre temps, après la signature, à rechercher toutes traces d'existence de ruines dans vos bois, ne serait-ce que pour des raisons de sécurité, car posséder une ancienne ferme peut s'avérer dangereux : présence d'un ancien puits, par exemple. Parcourez vos bois en tous sens. Vous pourriez trouver bien des sortes de ruines : anciennes fermes, porcheries, étables, hangars, moulins, anciennes forges.

Sachez que pour un bâtiment encore debout, qui possède quatre murs et sa toiture, même en ruine, le permis de construire (de reconstruire) sera beaucoup plus facile à obtenir ; ce sera plus compliqué pour des ruines presque au ras du sol. Dans tous les cas, c'est à la mairie qu'il faut se renseigner. Le maire vous guidera sur la marche à suivre, son intérêt allant dans le même sens que le vôtre : une maison de plus, ce sont des habitants, de la vie, et une économie locale qui se développe. Parce que, bien sûr, de nouvelles perspectives s'offrent à vous si vous découvrez des ruines, dont la remise sur pied vous inspirera pour utiliser la forêt différemment.

Quoi de mieux, par ailleurs, que des animaux domestiques pour entretenir cette forêt ? En fonction de sa surface, d'arbres feuillus de préférence ou de taillis mélangés, vous pourrez déterminer leur nombre et décider de rénover ces ruines pour aménager une salle de traite et un laboratoire pour transformer le lait en fromage, par exemple.

En fonction de la région, il peut aussi se trouver dans la forêt de petites constructions souvent intéressantes et pleines d'histoires. Ce sont des abris aménagés pour les bergers, des cabanes forestières, des palombières (en bois ou acier et beaucoup plus récentes). Constitués avec des pierres généralement calcaires, ces abris avaient deux fonctions : protéger les bergers pour la journée ou pour quelques jours et les débarrasser des pierres qui encombraient les terres et pâturages. Une nouvelle preuve que vous êtes sur d'anciens pâturages conquis par les bois… Dans certaines régions comme le Périgord, le Quercy, la Provence, vous en trouverez en abondance.

Réaménager ces petits abris, dont la taille varie de celle d'un igloo à celle d'une maisonnette, va revaloriser votre terrain. Ils peuvent servir à stocker du matériel ou être transformés en gîtes ou pour recevoir des amis autour d'un feu de bois. Ici aussi, rencontrez le maire : dans la plupart des cas, il applaudira des deux mains qu'une personne rénove les petits habitats ou monuments, patrimoine régional en général ou témoins de l'histoire, tout simplement.

Vous pouvez également trouver des refuges qui n'ont rien de pittoresque, car il s'agit de galeries creusées par les hommes beaucoup plus récemment, de tunnels de chemin de fer, de mines pour l'extraction de minerais ou de sel, de l'adduction d'eau. Leur fonction n'était pas d'abriter les populations, sauf pendant leur édification et lors de replis stratégiques en cas de guerre, d'inondations, de troubles divers. Certains sont toujours en état et peuvent encore servir.

Pour transformer le petit patrimoine local en gîtes, vous pourriez vous faire aider par des étudiants en les accueillant en woofing : grâce à ce système fondé sur l'échange, ils vous offriraient leur main-d'œuvre et leurs compétences contre le « gîte et le couvert »... extraordinaire expérience humaine en perspective !

Les bories

Ces petites cabanes en pierres sèches sont très répandues dans le Lubéron, le Quercy, le Périgord, et servaient d'abri pour les outils des travaux champêtres comme domestiques quand elles étaient plus vastes (les cabanons). Le mot « borie » vient du latin *boaria* : l'étable à bœufs. Ce sont de petites merveilles architecturales construites uniquement avec des pierres sans le moindre liant (pas de terre, encore moins de chaux), d'où le nom de « pierre sèche ». Que ce soit dans la garrigue en Provence ou dans le Périgord, on les trouve au milieu des taillis de chênes noirs, prouvant ainsi la présence d'anciennes terres agricoles. Ces régions calcaires étant de grandes pourvoyeuses de pierres plates et larges, il suffisait de se baisser pour les ramasser. Ces bories étaient bâties sans le moindre outil, seulement grâce à l'habileté du berger, leur forme arrondie n'ayant d'autre raison que d'éviter d'installer une toiture en bois. Elles doivent leur robustesse à cette voûte qui leur a fait traverser les siècles. De plus en plus nombreux sont les propriétaires qui se lancent dans leur rénovation.

Les grottes

Quand on pense « grottes », on pense grottes préhistoriques. En fait, les grottes peuvent être souterraines, à flanc de coteaux ou de falaises, ou encore incrustées dans le roc. Elles étaient utilisées pour se cacher ou se défendre, vivre en famille, faire pousser les champignons.

Il existe encore d'innombrables grottes à découvrir, et elles le sont toujours par le fait du hasard : un chien qui tombe et se manifeste, un lapin ou un renard qui se faufilent dans un trou... Pour sonder les entrailles du sous-sol, car elles peuvent en effet présenter divers intérêts, l'utilisation d'une caméra fixée au bout d'un filin fera l'affaire. Mais attention, elles ont rarement des peintures murales de la qualité de celles de Lascaux. Par ailleurs, ne comptez pas toutes les ouvrir au public, car les frais d'aménagement seraient trop coûteux.

Dans certaines, peu visitées par l'homme depuis de longues années, le guano, constitué par les amas de déjections d'oiseaux de mer, peut être entassé en grande quantité. Cet engrais, le meilleur qui puisse exister avec celui des pigeons ramiers, est encore très recherché.

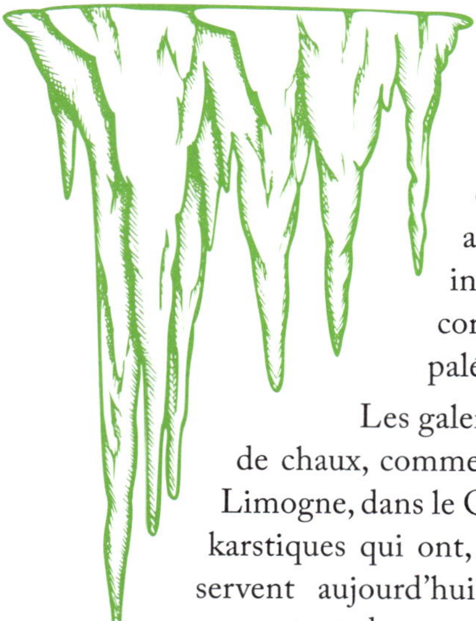

Les fosses peuvent contenir par dizaines des squelettes, de mammouths, de rhinocéros, d'éléphants, plus vraisemblablement de cerfs, de loups et autres animaux sauvages plus répandus qui se jetaient dans le vide pour échapper aux prédateurs ou tombaient pour des raisons inconnues ! Leur exploitation, notamment celle des cornes, peut être rentable ou présenter un intérêt paléontologique.

Les galeries souterraines peuvent contenir des phosphates de chaux, comme c'était le cas au Cloup d'Aural sur le causse de Limogne, dans le Quercy. Le minerai remplissait d'anciennes cavités karstiques qui ont, sans doute, été exploitées. D'autres souterrains[4] servent aujourd'hui à accueillir des vacanciers : on accède, en empruntant des marches (ou une rampe) taillées dans le tuf puis un couloir étroit de 70 centimètres, à des galeries creusées dans la roche sous la première couche de limon, rondes de 2 à 3 mètres de diamètre. Tout est fait pour rendre votre séjour le plus agréable possible, pas besoin d'apporter du mobilier : des banquettes taillées dans le roc permettent de dormir et des niches, de poser les objets. Seules manquent les ouvertures vers l'extérieur.

Une grotte peut servir à bien d'autres choses encore. Que feriez-vous si vous en découvriez une semblable à celle dans laquelle un simple fromage de brebis se transforme en roquefort ?

La légende du roquefort, le roi des fromages

Elle date de plus de deux mille ans, car on sait que les Romains le faisaient venir de la Gaule et que César, au cours d'un banquet, aurait déclaré que c'était l'aliment le plus fin de tous ceux qui lui avaient été servis. Or la découverte de cette merveille serait due au hasard : un petit berger, qui se trouvait aux environs de Roquefort (dans l'Aveyron), surpris par un orage, se réfugia dans une caverne. Il posa son déjeuner composé de pain et de fromage (de lait de brebis) sur le bord d'un rocher. Après l'orage, il pensa à rassembler son troupeau, et il oublia son déjeuner.

Plusieurs semaines plus tard, il s'en souvint, le chercha et le retrouva à la même place. Mais le pain s'était effrité et le fromage était veiné de fines lignes vertes. Il en grignota un morceau, puis un autre, et fut surpris de son goût délicieux. Il courut au village, où en montrant son fromage il fit part de sa découverte.

Depuis ce moment, le fromage de Roquefort est affiné dans des caves où soufflent les vents « magiques ». C'est le seul procédé qui permet d'obtenir le

4. Voir Marc de Smedt (dir.), *La Face cachée de la France*, Seghers, 1978.

roquefort. La quantité pouvant recevoir l'appellation « roquefort » est limitée par le volume disponible de la grotte.

Si, à votre tour, vous découvrez une cavité dans une montagne, assurez-vous qu'elle soit bien sur votre propriété. Surtout n'en parlez à personne, soyez muet comme une carpe… Tout producteur de lait de brebis rêverait de disposer de sa propre cave pour faire mûrir son fromage ! Pourquoi, alors, ne pas tenter la même expérience ? En aucun cas vous ne pourrez prétendre obtenir l'appellation « roquefort », mais vous pourriez peut-être en créer une autre, ou du moins commercialiser votre production, et lui donner le nom du lieu où se trouve la grotte : un fromage unique que les bonnes crémeries s'arracheraient et qui finirait bien en évidence dans leur vitrine – et dans votre assiette.

Cluzeaux et autres habitats troglodytes

Les cluzeaux sont des grottes que l'on trouve à profusion dans le Périgord, creusées à flanc de coteau pour les rendre totalement inaccessibles, sauf pour les propriétaires qui y rentrent en rappel à partir du sommet de la falaise, au moyen d'une échelle de liane comme cela était pratiqué il y a quelques centaines d'années. On pense que les premiers ont été occupés il y a plus de mille ans. Les scientifiques S. Avrilleau et G. Delluc en ont dénombré plus de six cents. On y trouve creusés dans le sol des silos à grains, des cuves pour les provisions, des citernes pour les liquides, et de grandes ouvertures qui permettent à la lumière de rentrer et à l'air de circuler, comme de voir venir. Des banquettes et niches creusées dans la roche permettent de ranger les affaires, mais on n'y trouve aucun meuble. Il n'y a pas grand-chose à faire pour les utiliser à nouveau à part apprendre à y accéder. En effet, c'est la difficulté d'y entrer qui font que ces cluzeaux sont peu occupés, alors qu'ils constituent un bel endroit pour méditer, travailler en toute sérénité, passer un week-end en famille ou se cloîtrer en ermite[5].

Pour éviter que le ciel ne vous tombe sur la tête, optez pour un habitat troglodyte. Si pour vous le troglodytisme ne concerne que des gens nostalgiques du Moyen Âge ou des soixante-huitards qui vivent en sous-sol, dans des caves ou des maisons creusées dans la pierre des falaises, sombres et jamais aérées, vous vous méprenez. En Cappadoce, en Turquie, ou bien plus près chez nous dans la vallée de la Vienne ou en Touraine, un grand nombre de personnes vivent de la sorte pour leur plus grand bonheur.

Ces endroits se prêtent particulièrement à ce type d'habitat : il est facile de creuser dans la pierre tendre, qui offre un abri totalement sécurisé et des avantages que les constructions classiques n'apportent pas :

5. *Ibid.*

- Pas de soucis de toiture ;
- Épaisseur des murs à votre convenance, 1 mètre, 2 mètres, vous choisissez ;
- Une acoustique sublime ;
- Une température égale été comme hiver.

Dans certaines régions du globe, au Laos par exemple, à Sam Neua, existait pendant la guerre d'Indochine une véritable ville souterraine avec des hôpitaux, des usines, un hôtel, une salle de spectacle, un terrain de sport. L'habitat troglodyte est-il donc guidé par le besoin de se réfugier pendant des périodes de conflits, courtes et bien définies ? Pas vraiment. En Espagne, dans la montagne jouxtant la frontière avec le Portugal, existe un village où des ateliers de confection de ravissants paniers en châtaignier sont enterrés.

Aujourd'hui, l'habitat troglodyte intéresse particulièrement des architectes, des artistes dits « bourgeois-bohèmes » en quête d'un habitat ne demandant pas d'entretien, car c'est bien ce qui en fait tout le charme : une fois creusée, la roche reste intacte, vous n'avez pas à lui apporter quoi que ce soit pour la maintenir en l'état, elle n'est ni friable ni poreuse, aucune infiltration n'a donc lieu. Dans cent ans, dans mille ans, tout sera comme aux premiers jours.

Votre bois-taillis dispose d'une falaise calcaire ? Au lieu de vous adosser à elle, habitez-la ! Bien qu'un tel aménagement drastique modifie quelque peu la nature, vous pouvez créer un habitat qui se révélera à terme bien plus écologique que n'importe quelle maison. Avec un bulldozer, commencez par l'équarrir. Grâce à un tunnelier, ou une bonne pioche, vous allez pouvoir entrer dans cette falaise et, en suivant votre plan, naviguer à l'intérieur pour aménager un salon, une ou plusieurs chambres, une cuisine, une salle de bains. Dans chaque pièce, ouvrez une large fenêtre. Laissez un mur de séparation de la largeur voulue entre chaque pièce, celle-ci étant desservie par un couloir ample rajoutant au caractère original de l'ensemble. Autorisez-vous 200 mètres carrés, et pourquoi pas 400, ou plus : au bout du couloir, vous pourrez toujours continuer à aménager d'autres pièces, toujours sur la même façade. Vos enfants veulent plus d'indépendance ? Creusez maintenant en hauteur. Tout est possible puisque la falaise n'est pas divisible comme un immeuble.

Continuons avec les avantages. Côté aménagement électrique, incrustation totale puisque le calcaire s'y prête ; et aucun risque d'incendie, ni de court-circuit. Une acoustique agréable, aucun voisin à l'horizon, une vue époustouflante sur la nature. Plus d'une fois, chevreuils, sangliers, renards, vous rendront visite, car les animaux sauvages sont très curieux et se laissent approcher dès lors qu'ils ne se sentent pas en danger. Quelques grottes, invisibles depuis la terre et situées dans le flanc de falaises surplombant la mer ou l'océan comme à Meschers-sur Gironde, ont été aménagées en hôtels ou habitations, ou encore en gîtes. Existe-t-il meilleur endroit pour assister au déferlement des vagues, aux tempêtes, sans être secoué dans tous les sens ?

La seule chose que vous ne pouvez choisir, c'est l'exposition : sud, nord, est, ouest, c'est la situation de la falaise qui décide...

Alors, à quand votre maison troglodyte ?
Bien entendu, il faut demander une autorisation, ne serait-ce que parce que vous ne pouvez pas vous lancer seul sans connaître la nature de la roche que vous allez creuser, et pour cela passer par un maître d'œuvre ou un architecte spécialisé est indispensable. Et il vous faudra certainement un permis de construire. N'oubliez pas que, pour une maison de plus de 150 mètres carrés, il est obligatoire de faire appel à un architecte (en France).

D'anciennes voies de chemin de fer

Il s'est construit tellement de voies ferrées dans le monde qu'un grand nombre ont dû être abandonnées, et les rails ainsi que les traverses démontés, mais pas toujours. Admettons qu'une ancienne voie de chemin de fer traverse votre forêt, qu'un tunnel traverse votre colline. Si les rails sont toujours en place, vous pourriez vous en servir pour le débardage de bois, ou les démonter. Il vous reste une route praticable qui donne accès à des parcelles boisées qui accueillent les gîtes que vous allez créer, votre propre résidence, ou toute autre activité proposée dans ce livre.

Les tunnels, eux, peuvent servir à tout et n'importe quoi. On en trouve en effet transformés en fromageries, caves vinicoles, stands de tir souterrains, granges à fourrage, garages, captages de sources, mais aussi réservoirs d'eau (tunnels en partie noyés), champignonnières, garages de vieux outils agricoles, stations sismologiques ou nichoirs protégés pour chauves-souris... on peut aussi imaginer, pourquoi pas, y installer des musées. D'autres tunnels sont malheureusement transformés en décharges... Sans compter tous ceux qui servent d'axes de circulation en livrant passage à une nouvelle voie de communication : route, voie de débardage valorisant vos arbres, chemin de randonnée ou voie verte. J'en profite pour vous rappeler que la plupart d'entre eux ne sont pas entretenus et qu'il convient de prendre toutes les précautions adéquates si vous voulez les affecter à l'un de ces usages. Enfin, une autre idée : on peut tout simplement envisager de les adapter en résidence principale ou secondaire.

Tout aussi intéressantes que les tunnels – d'autant plus qu'il y en a rarement une seule à la fois – sont les arches de pont, que vous pouvez là aussi aménager en habitation ou hangar de stockage, grâce à leur toit solide sur lequel aucun train ne passe plus depuis longtemps. La largeur et la hauteur importantes permettent d'installer une mezzanine. Vous disposerez d'un volume agréable et peut-être d'une belle vue. Pensez toutefois à rendre hermétique la toiture avec du goudron ou de la toile goudronnée que vous recouvrirez d'une prairie fleurie.

Et qui dit chemins de fer dit barrières et maisons de garde-barrière. Il vous suffit de vous promener le long de ces voies pour en avoir un petit aperçu : vous en rencontrerez en moyenne tous les 5 kilomètres, souvent rénovées ou bien assises sur leurs quatre murs, prêtes pour un lifting. Petites, d'environ 30 mètres carrés au sol plus un étage, elles sont parfaites pour une installation à l'année ou de vraies vacances au milieu des bois. Suivez les anciennes voies et vous en trouverez. Et si votre terrain n'en possède pas, vous pouvez faire une offre d'achat au voisin pour sa grande parcelle de forêt : vous saurez, vous, quoi en faire.

Vestiges enfouis

Souterrains

À proximité des châteaux, des manoirs, des fermes fortifiées, existait un maillage impressionnant de souterrains dont l'utilité était de pouvoir fuir dans les bois à l'approche des envahisseurs ou de tout autre danger. Ils ne sont pas toujours en bon état de conservation mais peuvent être utiles comme caves, abris, ou (peu) comme tunnels.

Mines

Le sous-sol, en Europe, était autrefois truffé de mines : de charbon, cuivre, argent, or, fer, manganèse, potassium, et bien d'autres. Interrogez vos voisins et promenez-vous aux alentours, vous pouvez trouver des indices qui ne trompent pas : vieux wagonnets pour le transport des matériaux extraits, rails rouillés, ferrailles tordues laissées par-ci par-là. Autant de marques montrant la présence d'anciennes mines dont les entrées sont souvent enfouies après de longues années d'abandon ou cachées derrière un amas de planches, elles-mêmes protégées par des ronces et de la terre. Le BRGM, l'organisme d'État chargé de répertorier les richesses du sous-sol, dispose de toutes les cartes pour vos recherches.

Bunkers

Les blockhaus sont des casemates construites par les Allemands tout le long de la côte atlantique et de la Manche pour empêcher les Alliés de débarquer (la France a fait la même chose le long de la frontière allemande en construisant la ligne Maginot). Il s'agit de véritables bunkers en béton armé d'une grande épaisseur capables de résister à n'importe quel assaut et aux bombes. Nombreux sont ceux qui, trop près du bord de mer, ont basculé du fait de l'érosion, mais il en reste un grand nombre, plus reculés, en forêt.

L'intérieur se compose de plusieurs pièces. Gamin, je jouais dans plusieurs d'entre eux dont la hauteur intérieure atteignait près de 2 mètres. Ces bâtiments sont aménageables, en caves ou carrément en maisons, la partie laissée ouverte pour permettre les tirs de mitrailleuse permettant d'installer un superbe salon avec vue imprenable. De belles villas ont été construites sur certains d'entre eux, les bunkers devenant ainsi des fondations idéales augmentées d'un vaste sous-sol inviolable.

Si vous achetez une forêt, ne vous arrêtez pas à ceux que vous verrez dressés, il en reste encore d'enterrés… Un conseil, toutefois : veillez à faire déminer le terrain si ce n'est déjà fait.

Trésors cachés

C'est une réalité : pendant les invasions, les paysans, les propriétaires, allaient enfouir leurs biens les plus précieux en forêt, dans la terre ou dans les arbres. Ceux que l'on a cachés incognito, sans plan précis, restent à l'abri des regards… jusqu'à ce que quelqu'un, par hasard, décide d'explorer un endroit, par exemple après qu'un animal a déterré quelque chose. En effet, un trésor enfoui il y a cinq cents ans ou mille ans ne laisse aucune trace visible par l'homme.

Un bon détecteur de métaux fera l'affaire pour chasser le trésor vous-même. L'avantage d'être propriétaire, c'est que vous pouvez faire chez vous ce que vous n'avez pas le droit d'aller faire chez les autres sans leur autorisation – et inversement. Une fois l'autorisation accordée, propriétaire et dénicheur doivent partager le gain par moitié, c'est la loi.

Bien sûr, tout ça prend beaucoup de temps. D'autant qu'on n'enfouissait pas que des trésors, beaucoup de ferrailles aussi. Les vieux clous sonnent et donnent de faux espoirs… Pour chercher dans les arbres, il faut avoir chez soi de très vieux arbres et un excellent détecteur.

Mieux vaut être réaliste et fouiller d'abord dans vos archives avant de vous épuiser à des recherches aléatoires.

Des témoins de temps encore plus anciens

Dolmens et menhirs

Tentons une définition. Le dolmen est une pierre large et longue soutenue par des pierres fichées dans le sol ; le menhir est une pierre plantée dans le sol, isolée, disposée en alignement ou en cercle (dans ce cas on parle de « cromlech »). En fait, on en sait peu sur ces pierres et il est bien difficile de les dater car les tombes que constituaient les dolmens ont été pillées, dévastées en partie par l'Église, qui voyait d'un très mauvais œil ce culte païen.

Elles ont un intérêt touristique de par leur abondance sur un site. Les espaces qui les habitent, empreints de recueillements et d'interrogations, ont un attrait certain, car autour de ces pierres peut se créer une histoire ou renaissent des légendes. Éventuellement, vous pouvez essayer de faire classer ces lieux remarquables, à condition là encore qu'ils contiennent un grand nombre de pierres.

La plupart du temps, vous trouverez de nombreux menhirs couchés au sol, malmenés par les intempéries et les longues années passées, surtout en Aveyron et en Bretagne. Que faire de ces pierres gisant sur le sol ?

Si elles se situent au milieu des bois, je vous conseille de les laisser où elles sont tout en les dégageant, dans un premier temps, de ce qui peut les gêner. Pour les remettre debout, une fourche de tracteur peut suffire.

Quoi que vous choisissiez d'en faire, n'oubliez pas de prévenir les autorités compétentes avant d'y toucher, de prendre des photos et de les envoyer à un

musée ainsi qu'au service d'archéologie de votre région. Tout le monde doit pouvoir profiter de votre découverte, afin de faire avancer la connaissance de ces pierres dont l'origine est encore bien mystérieuse. Toute inscription gravée lui confère un intérêt archéologique certain.

En Aveyron, où l'on trouve le plus ces pierres de petites dimensions, elles ont souvent servi de bornes ou se sont retrouvées dans des murets. Aujourd'hui, on peut observer des originaux au musée Fenaille à Rodez, les copies les ayant remplacés sur leur lieu de découverte.

Tumulus

Il s'agit d'un grand tertre, d'un amas de terre ou de pierres de diamètre plus ou moins large et en forme de cône ou de pyramide, élevé au-dessus d'une sépulture royale ou collective. On en trouve un peu partout en Europe. La forme est bien arrondie et, dans un bois, les arbres ont poussé dessus aisément.

L'aspect d'un amas de terre et de pierres provenant d'un dessouchage massif réalisé par un engin de travaux publics peut être identique, de même diamètre et hauteur. Comment les distinguer ?

Les voisins se rappelleront si une transformation a eu lieu au cours des trente dernières années (au-delà, la mémoire se détériore ou les voisins sont partis). Normalement, un enchevêtrement d'arbres est aussi un bon indicateur de celle-ci. S'il s'agit d'un tumulus, aucune entrée ne sera visible, un examen attentif des lieux sera alors nécessaire : faites-en le tour lentement plusieurs fois et prenez des photos. Regardez-les chez vous attentivement. Sinon effectuez des sondages, des carottages, ou introduisez une caméra miniature lorsqu'un espace le permet. Lorsqu'ils sont enfouis dans un bois, les tumulus se font à peine remarquer. Les arbres peuvent les avoir protégés.

Que peut-on y trouver ? S'il s'agit de tombes anciennes, il y a de fortes chances qu'elles aient été visitées depuis longtemps. L'architecture intérieure peut être intéressante, et ne négligeons pas l'intérêt historique.

Arbres pétrifiés

Le bois pétrifié est du bois fossilisé où toutes les traces de matière organique ont été remplacées par des minéraux (le plus souvent des silicates, comme le quartz) tout en préservant sa structure originale. Le processus de pétrification s'engage quand le bois est enterré sous une couche de sédiments. Là, il se conserve d'abord en raison d'un manque d'oxygène, avant qu'une eau riche en minéraux ne circule dans les sédiments et remplace peu à peu les cellules du bois par ces minéraux. Moins de cent ans sont probablement nécessaires pour que certains morceaux de bois puissent être pétrifiés.

En Europe, c'est en Grèce que se trouve la plus grande forêt pétrifiée, de 150 kilomètres carrés, à la pointe de l'île de Lesbos. En Belgique, il existe une forêt pétrifiée près de Hoegaarden, ville plus connue pour sa célèbre bière, mais aussi en Angleterre, en Italie (à Avigliano et en Ombrie), ainsi qu'en Allemagne, en Bavière. Mais on trouve aussi des arbres ou des souches de palmiers pétrifiés en France, en particulier dans le Quercy, entre Brive et Figeac, après le merveilleux village de Martel aux sept clochers, au-dessus de Cardonnac : il n'est pas impossible que votre forêt en abrite…

À quoi peuvent-ils vous servir ? Ils peuvent représenter un intérêt touristique si vous possédez des pièces de grandes dimensions, mais même une petite pierre éveille l'intérêt des enfants et des adultes, poussés ainsi à s'intéresser à l'histoire et à la géologie de leur région.

Fossiles

Dans les couches de pierres calcaires il peut exister, en différents endroits, des animaux marins ou terrestres fossilisés. Du latin *fodere*, « creuser, fouiller », le fossile est un reste ou une trace d'être vivant, moulé dans les sédiments de la surface terrestre.

Les fossiles étaient élevés au rang d'entités magiques par l'homme primitif. Ils sont aujourd'hui étudiés scientifiquement par la paléontologie. Trouver des fossiles n'est pas aussi rare qu'il peut le paraître, la Charente en regorge par exemple. C'est par hasard que vous les découvrirez, là où vos pas vous mèneront. Ils apparaissent en terrain découvert, au pied d'un rocher, là où rien ne pousse ; un premier, puis un autre, et la passion va vite vous envahir. Penser qu'ils sont là depuis des milliers d'années et que personne ne les avait vus avant vous devrait diffuser une dose d'adrénaline dans vos veines – et il se pourrait bien que vous commenciez une collection.

Malgré le peu de chance que cela se produise, vous pourriez trouver des animaux fossilisés. Les dinosaures sont eux, toutes proportions gardées, assez répandus, et pourraient alors transformer votre forêt en musée de plein air.

Autres vestiges archéologiques

Découvrir quoi que ce soit relevant des monuments historiques est à double tranchant, car, à moins de tomber sur une découverte d'importance capitale, on ne peut pas l'exploiter. Si cela vous arrive, on l'a déjà vu pour les dolmens, vous devez tout d'abord le déclarer sans y toucher, le sous-sol ne vous appartenant pas.

Certaines régions en regorgent, mais la plupart du temps les habitants qui vivent à proximité ignorent leur existence. En Grèce, il y a autant de vestiges que d'habitants, et chaque coup de pioche déterre une statue… Mais imaginez

votre joie et la fièvre qui s'emparerait de vous si vous découvriez un bronze, un collier, une arme.
Tout amas de pierres peut être une bonne indication. Le nom de lieu aussi.

Toulme est en Corrèze une ancienne carrière d'extraction de sarcophages en pierre rouge, abandonnée il y a mille ans. La forêt a pris place entre les trous, que l'on pourrait prendre, de prime abord, pour des cercueils, alors que ceux-ci en ont été extraits. La majorité de ces trous ont été comblés par l'humus qui s'est entassé : quand l'eau de pluie se charge de les remplir, ils deviennent abreuvoirs et réserves d'eau, procurant à ce lieu une humidité favorable à la croissance des arbres. Le site se trouve à flanc de coteau. Tous ces trous en forme de cercueil lui donnent une apparence quasi mystique car on se prend à rechercher les assises des murs d'une chapelle n'ayant jamais existé ! Ce n'est donc pas un hasard s'il est ouvert au public : vous en auriez fait autant si vous aviez été propriétaire du lieu. Ici, c'est gratuit.

Outils préhistoriques

D'après les chercheurs d'outils préhistoriques, les terres et bois, anciennes terres agricoles, sont jonchés de vieux outils abandonnés ou perdus depuis des dizaines ou centaines d'années. Vous avez le droit de les ramasser puisqu'ils sont remontés d'eux-mêmes à la surface. La terre bouge et fait se révéler des tas de choses enfouies depuis des décennies. En aucun cas vous ne devez creuser pour trouver, car vous entreriez dans le cadre de fouilles archéologiques, ce qui est formellement interdit. À Agris en Charente, un casque recouvert de feuilles d'or, chef-d'œuvre de l'orfèvrerie celtique, daté du IVe siècle av. J.-C., a été découvert par hasard en 1981 dans le coude d'un terrier de blaireau, à quelques centimètres de la surface. Depuis quand était-il là ? Est-ce l'animal qui l'a remonté ? A-t-il été caché ici par on ne sait qui et pour quelles raisons ? Le lieu de découverte est important car il conditionne des fouilles probables.

Si cela s'était produit chez vous, vous auriez eu l'obligation de déclarer votre découverte.

Traces de roues

Voir des traces de roues de charrette bien incrustées dans la pierre me remplit de joie. Quel âge peuvent-elles avoir ? Deux cents, trois cents, cinq cents ans ? Combien de roues ferrées se sont escrimées à les agrandir, au risque de s'y casser et de faire tomber leur lourd chargement, foin et céréales l'été, fumier le reste de l'année ? Je me plais à les imaginer, allant et revenant d'un marché dans la bonne humeur au milieu des cris d'enfants et du vacarme des poules, des veaux, des juments…

Ces bouts de chemins, qui devraient être reconnus par l'UNESCO au même titre que des monuments, sont pour moi aussi importants que les voies romaines.

Gisements d'os

Au pied de la roche de Solutré, dans la Saône, a été découvert un amas de carcasses, d'os datant de la préhistoire, dont l'origine serait un troupeau d'animaux qui se serait jeté du haut de ce rocher pour échapper à des prédateurs. Ils étaient là depuis des siècles et personne ne les avait remarqués. Leur intérêt est indéniable et un musée leur a été consacré.

Accumulés pour différentes autres raisons, par exemple des rites funéraires, les ossements se recouvrent au fil des siècles d'une fine couche de terre amenée par le vent et sont découverts par hasard. Chez vous, peut-être le pied d'un rocher renferme-t-il un site géologique remarquable datant de la préhistoire !

Conclusion

Vous venez de découvrir de nombreuses facettes de la forêt au travers des ressources présentées précédemment. Sachez que, quoi que vous fassiez, des alternatives à la coupe des arbres existent. Lors de l'arrivée des premières tronçonneuses, chaque propriétaire forestier s'est réjoui des immenses possibilités qui s'ouvraient : couper plus vite plus d'arbres et diminuer le nombre de bûcherons. Aujourd'hui, l'arrivée d'engins capables de couper, ébrancher, trier et débarder les troncs met en péril notre mode de fonctionnement. Ce qui est sans doute adapté aux immenses forêts des Amériques, de Russie ne l'est pas ici en Europe, et nous en sommes même à regretter les bûcherons qui sont, de ce fait, en quasi-disparition. L'augmentation de la rentabilité forestière passe par la production d'arbres de qualité et le regroupement de parcelles extrêmement dispersées.

La forêt ne doit pas disparaître et chacun devrait se lever pour que cela n'arrive pas. Car elle est d'une incroyable richesse : au-delà de tous les trésors déjà cités et que vous savez à présent dénicher, elle possède un nombre impressionnant de ressources naturelles aux mille et un bienfaits. Nous allons maintenant les aborder.

Partie II

Les ressources à utiliser

Vous pouvez profiter de nombreux bénéfices, secondaires ou beaucoup plus intéressants, grâce aux arbres, aux plantes et à tout ce qui vit sur votre propriété. Ils méritent que vous y consacriez un peu de temps pour organiser leur exploitation et les transformer éventuellement en revenus récurrents.

Chapitre 1
Les bénéfices liés aux arbres et autres plantes des forêts

Les arbres et leurs constituants

Les arbres sont indispensables à la survie de l'homme. Leurs différents constituants, sève, écorce, feuilles, peuvent servir à notre épanouissement ou à notre confort, permettant de tirer parti d'un arbre sans avoir à le couper, ou d'une forêt sans avoir à la détruire.

Une écorce, le liège

Avec des feuilles coriaces, de petites fleurs et un fruit appelé « gland », les chênes sont regroupés en plusieurs espèces, mais focalisons-nous un instant sur le chêne-liège, une espèce méditerranéenne.

Le liège est un matériau qui possède des propriétés inouïes utilisées depuis des millénaires. Il constitue la partie très épaisse de l'écorce de l'espèce *Quercus suber*, le chêne-liège. Celui-ci est un arbre qui possède un bois dur. On le rencontre généralement dans les zones tempérées de l'hémisphère Nord. Il peut faire jusqu'à 30 mètres de hauteur et a une durée de vie de plus de 150 ans.

On commence à récolter le liège lorsque l'arbre atteint un âge compris entre 15 et 20 ans. Plus l'arbre prend de l'âge, plus il produit un liège de qualité. Son extraction se fait de la manière suivante : les exploitants font des entailles horizontales et verticales dans l'écorce de l'arbre pour le détacher. Les pays qui produisent beaucoup de liège sont le Portugal, l'Algérie et l'Espagne.

Depuis des milliers d'années, les hommes l'utilisent pour confectionner de nombreux éléments tels que les bouchons, le linoléum, les ceintures, les semelles de chaussures et maintenant des sacs, des couvertures d'agendas… On s'en sert même comme matériau d'isolation.

D'autres écorces sont utilisées : celle du bouleau, qui peut servir de revêtement mural pour sa beauté, et celle du cerisier.

Interview du chercheur Bruno Clair du laboratoire Ecofog : Les muscles des arbres

Le journal *Science et Avenir* n° 859 de septembre 2018 nous fait part d'une découverte surprenante au sujet de l'écorce des arbres. Jusqu'à aujourd'hui, nous pensions tous que son rôle était de protéger l'arbre des prédateurs, des intempéries, des insectes, du froid. Tout cela est bien exact et ne peut être remis en question. Ce que nous apprend Bruno Clair du laboratoire Ecofog, basé en Guyane, c'est que l'écorce a aussi une fonction de muscle.

J'avais moi-même observé en Dordogne un phénomène assez étrange : un bouquet de chênes noirs poussant en parallèle d'une forte pente alors qu'ils auraient dû se diriger vers la lumière du ciel. Et j'imaginais l'extrême force qui s'exerçait sur les troncs pour les maintenir ainsi. Je mettais cette étrangeté sur le compte d'un déplacement du centre de gravité, en l'occurrence le noyau de l'arbre collant l'écorce. Et que dire des énormes racines qui doivent supporter à elles seules le poids d'un arbre semblant se jeter dans le vide ?

Alors, à la lecture de l'article cité ci-dessus, j'ai voulu avoir l'avis de ce laboratoire. Et, plutôt que de recevoir un cours, qui pourrait paraître rébarbatif aux profanes que nous sommes, j'ai préféré entamer un dialogue avec ce chercheur sous forme de questions-réponses. Le voici.

Bruno Minier : Bravo pour votre découverte, qui doit laisser sans voix tous les passionnés de la forêt. Ma première question porte sur ce qui vous a poussé à étudier l'utilité des écorces pour les arbres. Vous êtes-vous levé un beau matin en vous disant « l'écorce est un muscle et nous allons le démontrer » ou votre découverte est-elle la conséquence d'un processus de recherche normal sur l'écorce, comme vous le faites pour toute autre partie d'une plante ?

Bruno Clair : Nous nous intéressons depuis plusieurs années aux mécanismes mis en place par l'arbre pour tenir droit ou maintenir son port malgré la gravité. Chez de nombreuses espèces, il est établi que ce sont les fibres du bois qui, pendant leur fabrication, ont la faculté de se mettre en tension. Cette mise en tension permet de haubaner une branche ou un tronc penché. Autour de l'arbre, si la tension est plus forte sur une face que sur sa face opposée, cela génère une flexion de la tige pour la redresser. Cherchant à décrire la diversité des types de fibre permettant la mise en tension du bois parmi la forte biodiversité de forêt tropicale guyanaise, nous nous sommes rendu compte que certaines espèces ne possédaient pas de fibres caractéristiques de la mise en tension et avaient par ailleurs une écorce à l'organisation atypique. Nous avons creusé dans cette direction jusqu'à cette belle découverte.

Bruno Minier : La force du muscle varie-t-elle en fonction de l'épaisseur de l'écorce ? Les résineux ont une écorce assez épaisse mais, pour les pins sylvestres, elle devient beaucoup plus fine à une certaine hauteur et s'effrite facilement.

Bruno Clair : Il faut bien distinguer, quand on parle d'écorce, l'écorce interne (phloème), produite par les mêmes cellules mères que le bois, et l'écorce externe (suber ou liège), fabriquée par une autre assise génératrice.

Les mécanismes moteurs que nous décrivons se situent dans l'écorce interne. Chez les espèces que nous avons caractérisées comme ayant une écorce motrice, il apparaît que l'écorce interne est plus développée que chez d'autres espèces où nous n'avons pas pu mettre en évidence un rôle actif dans l'écorce. Sur les résineux, je soupçonne l'écorce externe d'être très développée, mais nous n'avons pas encore de donnée puisque cette étude a été menée en Guyane. Avec les coauteurs de l'étude du LMGC à Montpellier, nous prévoyons de décrire maintenant la diversité tempérée, et notamment les résineux.

Bruno Minier : Les fissures et sillons que l'on rencontre jouent-ils également un rôle dans la résistance de cette écorce ?

Bruno Clair : Les fissures et les sillons sont généralement dans l'écorce externe et n'ont *a priori* pas d'influence sur la fonction motrice. Les fissures et sillons sont les conséquences de la croissance de l'arbre qui « pousse » l'écorce vers l'extérieur. L'écorce interne reste vivante longtemps pour être capable de produire de nouvelles cellules pour compenser l'incrément de périmètre, mais ce n'est pas le cas pour l'écorce externe, qui n'a d'autre moyen de compenser l'augmentation de diamètre que de se fissurer.

Bruno Minier : Qu'en est-il des arbres dont l'écorce est très fine, comme celle des eucalyptus, des cerisiers, ou carrément de ceux qui la perdent, comme celle du cajeputier à écorce de papier, des platanes, qui part en lambeaux ? À moins que ces pertes concernent des parties mortes de l'arbre ?

Bruno Clair : L'aptitude à se séparer d'une partie de l'écorce externe (exfoliation) est une autre méthode pour compenser l'augmentation de diamètre. Comme je disais, nous n'avons pas décrit ces espèces et il est difficile de faire des pronostics. Parmi les espèces tempérées, la seule pour laquelle je n'ai aucun doute est le tilleul, donc l'écorce est très active dans le redressement. C'est un caractère commun présent chez toute la famille des Malvacées.

Pour aller plus loin :

https://nph.onlinelibrary.wiley.com/doi/full/10.1111/nph.15375

www.ecofog.gf

www.lmgc.univ-montp2.fr

Les résines

Le cèdre produit une résine odorante utile en cosmétique ; le pin maritime, une résine contenant la térébenthine (pour leur forte concentration en huile essentielle, on distille notamment les racines de souches de cèdre et de pin maritime). On fabrique une huile essentielle à partir des bourgeons du pin sylvestre. Le pistachier lentisque, qui pousse dans la région du bassin méditerranéen, produit une oléorésine appelée « mastic en larme » ou « mastic en sorte », que l'on récolte grâce à une incision directement sur le tronc ; sa transformation en huile essentielle est très recherchée.

La sève

Deux arbres produisent des liquides consommables directement après incision du tronc : l'érable sucrier et le bouleau blanc.

On trouve l'érable sucrier au Canada, mais il semblerait qu'il soit possible d'en produire en Europe, notamment à Vassivière, dans la région du Limousin dont le climat aurait quelques ressemblances avec celui du Québec. Il produit un sirop que vous utiliserez plutôt en confiserie ou en pâtisserie en remplacement des sucres habituels. En boisson, diluez-le dans l'eau comme un sirop. À l'état brut, il ne serait pas vraiment désaltérant…

Le bouleau pousse un peu partout en Europe et sa sève est un délicieux breuvage. Il faut inciser l'arbre (un petit trou dont vous garderez le bouchon pour le remettre afin de ne pas altérer l'arbre qui autrement se viderait et mourrait). La récolte se fait en montée de sève, en mars-avril, et doit être stockée au réfrigérateur pendant quelques jours pour conserver toutes ses qualités. Au-delà elle doit être pasteurisée. Vous pouvez réaliser une cure de sève pour profiter de ses bienfaits, car c'est un excellent draineur pour l'organisme[6]. On la transforme également en vin.

David B., de la Creuse, talentueux coutelier rencontré à Eymoutiers lors d'un salon, a deux bouleaux chez lui qui produisent chacun 2 à 3 litres de sève par jour, un mois par an. C'est largement suffisant pour sa consommation familiale. « Les années où nous en buvons, nous ne sommes jamais malades », dit-il.

En fait, ces boissons ont trouvé leurs producteurs, qui en vivent parfaitement ; la sève de bouleau étant connue, on en trouve dans les bons magasins de produits naturels.

Les aiguilles et feuilles

On tire une huile essentielle des aiguilles du sapin, du cèdre, du pin sylvestre, du pin douglas, du genévrier, du thuya, du cyprès, et des feuilles et rameaux de l'eucalyptus et du laurier-sauce au moment de l'abattage de ces arbres ou en récoltant les feuilles sur l'arbre, comme pour le laurier-sauce. Ces essences

6. Rendez-vous sur le site www.seve-bouleau-limousin.com (la ferme de Fardissou), il est aussi clair que leur production.

sont produites par distillation, pour la réalisation de parfums ou comme condiments pour certaines d'entre elles.

Pratiquement tout ce qui a une odeur peut être distillé. Le prix d'un alambic est accessible. Vous pouvez les acheter par Internet ou en vous rendant chez les quelques quincailliers qui résistent. Du cuivre, rien que du cuivre : c'est lui qui restitue le meilleur des plantes.

Une capacité de 1 mètre cube vous permettra de bien commencer. Mais laissez-vous guider par les conseils d'un fabricant.

Créer un petit laboratoire de distillation d'huiles essentielles

Si vous possédez des genévriers, des résineux tels que les cèdres, pins maritimes, pins sylvestres, épicéa, douglas, mélèzes, sapins ou eucalyptus, vous pouvez extraire vos propres huiles essentielles. Pour cela :

- Équipez-vous d'un matériel de distillation en cuivre.
- Installez-le dans un hangar dans votre propriété ou construisez-en un dans votre forêt.
- Distillez les feuillages.
- Embouteillez-les sur place.
- Vendez votre huile essentielle en lui donnant le nom de la forêt. Il vous faudra bien sûr respecter des règles strictes en ce qui concerne l'étiquetage des produits et leur commercialisation.

De l'usage du buis

Le feuillage

À l'occasion des fêtes de Noël et de Pâques, le feuillage du buis est très recherché pour la décoration. Les brins sont coupés au sécateur avec une coupe franche et propre pour permettre une bonne repousse. Attention : ne pas couper plus d'un tiers des brins sur le même pied et le faire de façon bien répartie. Plus risquerait de faire mourir l'arbuste.

Il est possible de le vendre en très grosses quantités, en semi-remorque. Si vous en avez autant, faites un petit tour en Allemagne et en Autriche pour étudier à quel prix il est vendu dans les magasins de détail avant de faire une proposition à des grossistes.

Après avoir été dévorés par la pyrale du buis, les buis que je m'apprêtais à éliminer ont repris leur belle couleur verte, sans que cela empêche la chenille de revenir plus tard. En fait, elle mange les feuilles mais ne tue pas l'arbuste.

Le compost de buis

Olivier de Serres, auteur d'un traité célèbre, *Le Théâtre d'agriculture et mesnage des champs*, fut un des premiers, au XVIe siècle, à étudier, de manière scientifique, les techniques agricoles et à en rechercher les améliorations. Il est considéré comme le père de l'agronomie française. C'est aussi le premier à avoir découvert les vertus du compost de buis, dénommé aussi « compost des rois ».

Avoir sur une parcelle de bois une quantité trop importante de buis peut être considéré, à juste titre, comme un véritable fléau, à moins de vouloir conduire vos arbustes à un âge adulte qui les valorisera. Mais il vous faudrait attendre quelques dizaines d'années encore. Rien ne vous empêche de conserver les plus beaux pieds, en conservant broussaille et arbustes autour, protection remarquable et naturelle pour laisser les troncs se développer et donner de magnifiques bois que les facteurs sauront transformer en instruments de musique.

Un compost des buis plus petits et trop nombreux vous permettra d'amender votre sol pour d'autres destinations ; vous pourrez aussi le vendre à des viticulteurs de plus en plus tournés vers le bio, ou, pourquoi pas, l'utiliser lors de cours vivants de botanique.

Trognes et têtards

Au temps jadis, les paysans, qui avaient un droit d'utilisation du bois de chauffage provenant des terres et bois des propriétaires, avaient trouvé un bon moyen de pousser les arbres à en produire plus : couper à intervalles réguliers les branches des arbres non susceptibles d'être transformées en planches. Ainsi, avec en plus le bois mort ramassé dans les sous-bois, ils arrivaient, bon an, mal an, à disposer du volume nécessaire pour se chauffer et alimenter leur cuisinière. Cette pratique n'a pas tout à fait disparu et vous trouverez des arbres dont vous allez pouvoir couper les branches pouvant atteindre de forts diamètres pendant quelques années encore.

Ainsi, les trognes, recouvertes de branches coupées sur le tronc, et les têtards, étêtés pour empêcher l'arbre de grandir et donc produire plus, se font plumer à intervalles réguliers, pas seulement pour le chauffage mais pour le fourrage ou la récolte des fruits. En fait, les trognes sont une sorte de taillis suspendu destiné à fournir en abondance ce que les arbres produisent. Prélevez une part, mais n'oubliez jamais que ce qui vient de la terre doit retourner à la terre. Je trouve que ces arbres, chênes, frênes, tilleuls, ont fière allure et qu'il faut les conserver en l'état.

Si vous avez un grand nombre de trognes et que les branches coupées n'ont pas provoqué de pourrissement, peut-être vont-elles intéresser un trancheur. Dans ce cas, leur valeur sera bien plus grande que si elles étaient vendues en bois de chauffage.

La plus connue des espèces faisant l'objet de coupes régulières est le platane, autant les spécimens des bords de routes que ceux des places ou cours. Leurs branches donnent de l'ombre en été et un drôle d'aspect à l'arbre en hiver. Elles produisent du bois d'allumage et du broyage pour le compost en quantité non négligeable pour les hôpitaux, les CAT, les administrations et bien entendu pour les particuliers.

Autres plantes poussant en forêt

Il faut parcourir souvent son bois pour observer ce qu'il s'y passe, ce qui y pousse. Dès l'instant où vous avez décidé d'en faire votre métier, vous ne perdrez jamais votre temps et découvrirez, par moments, des choses inattendues.

Fragon et muguet

Dans les taillis de France pousse une plante piquante verte appelée « fragon » ou « faux houx ». Ce sont des brins qui poussent en bouquet et tapissent le sol de certains bois-taillis, couvert de magnifiques boules rouges, qui servent à la décoration de Noël. Les Allemands en sont très friands et des entreprises viennent les récolter en novembre par semi-remorques entières.

On peut également découvrir sur sa parcelle des fleurs comme le muguet. Rappelons que la vente du muguet lors du 1er mai est tolérée mais qu'elle est encadrée par des arrêtés municipaux, notamment en ce qui concerne les quantités et la provenance (uniquement du muguet sauvage cueilli dans les bois).

Ma parcelle minuscule, moins de 1 hectare sur la commune d'Agris en Charente, ne possédait pas d'accès mais un bon taillis de chênes et châtaigniers, et… une éclaircie d'environ 400 mètres carrés en lisière d'un champ. Quelle ne fut pas ma surprise d'y découvrir, sur sa totalité, des milliers de brins de muguet !

Malheureusement, le 1er mai était passé. Ces fleurs peuvent pousser en sous-bois bien éclairé sur un côté, mais elles sont imprévisibles et éphémères. Naturellement, le muguet n'a pas repoussé l'année suivante : le couvert avait repris le dessus.

Le fourrage forestier

Voici les plantes que les animaux apprécient en fourrage : l'ajonc d'Europe (qui doit être servi broyé), l'alisier blanc et l'alisier torminal, l'argousier, l'aubépine, l'aulne glutineux, le charme, le bouleau, le genêt des teinturiers, le frêne (le plus utilisé), le noisetier, l'orme champêtre, le peuplier, le poirier, le pommier, les saules, le sorbier des oiseleurs, le tilleul. Utilisez toujours le fourrage provenant de vos bois-taillis et n'en prélevez qu'une petite partie. Ce n'est pas de l'herbe que l'on peut faucher.

Le genêt des teinturiers peut aussi être utilisé pour couvrir le toit de l'abri des animaux, de l'abri du fourrage et, si vous disposez d'une grande quantité, de votre habitation. Le genêt commun, quant à lui, sert à la fabrication de balais qui ne laissent rien traîner derrière eux. Il pousse sur les terrains siliceux. Incinéré, l'ajonc commun fournit un excellent amendement pour les terres.

Mais que faire du terrain sur lequel vous avez prélevé ces plantes ? Si vous voulez conserver vos pâturages, laissez-les repousser, sinon regardez parmi les autres propositions de l'ouvrage quelles autres destinations vous pouvez leur réserver.

Lichens et mousses

Un groupe important de Thallophytes étranges, qui a suscité chez les botanistes d'ardentes controverses, est celui des lichens. Ces végétaux, comme l'indique leur nom (du grec *leichên*, « lécher »), rongent l'écorce des arbres, les rochers, ou même la surface du sol, ils vivent en symbiose. Ils présentent bien des formes et résistent à toutes les intempéries ; ils s'installent dans des endroits inaccessibles, sur les rochers, au sommet des montagnes et dans les contrées polaires où règnent de très basses températures.

Les mousses, ces innombrables petites plantes délicates dont on connaît déjà plus de quinze mille espèces, tapissent le sol humide de nos forêts, les rochers, les murs, les toits des vieilles maisons. Elles paraissent provenir de la transformation de certaines algues qui se sont adaptées à la vie terrestre. Citons entre autres les sphaignes des marais, dont l'extrémité envasée se carbonise en tourbe pendant que la partie supérieure se régénère sans cesse.

Les mousses et les lichens, en décomposant les roches, préparent la terre végétale nécessaire à la germination des semences des plantes supérieures et à leur enracinement. Le lichen se récolte sur les branches de chênes et de pins sylvestres. On en extrait le meilleur fixateur de parfums naturel : l'absolue. Moulue, on l'utilise comme levure de pain. Son oléorésine entre dans la composition de savons. Une grande quantité de lichens sont de plus alimentaires : le cétraire d'Islande peut fournir une farine aux habitants de ces contrées désolées. Les rennes se nourrissent de cladonies. La sticte pulmonaire remplace le houblon et sert à la fabrication d'une sorte de bière. La *Lecanora*, comestible, forme des boules de la grosseur d'une noisette. Emportées par le vent sur de longues distances dans les déserts, ces boules sont une manne dont l'homme s'est souvent nourri.

Tout ceci pour vous faire prendre conscience de la nécessité de maintenir en place les mousses que vous n'aimez peut-être pas mais qui jouent leur rôle. Il est bien plus sage de les conserver…

Chapitre 2
Les bénéfices liés à ce qui nous nourrit

La faune

La chasse[7]

C'est un loisir autant décrié par un grand nombre de personnes qu'objet de passion par une autre partie de la population. Qu'elle soit ou non un sujet de controverse, vous aurez inévitablement affaire à la chasse sur votre parcelle. Car son exercice est réglementé.

Voici quelques règles :

- Si votre parcelle n'est pas clôturée, elle est soumise à ladite réglementation : vous devez laisser passer les chasseurs.
- Vous ne pouvez pas chasser chez vous sans permis.
- Les animaux que vous allez trouver chez vous ne vous appartiennent pas.

Renards et lapins de garenne ont élu domicile chez vous ; chevreuils et sangliers vous tolèrent… Tous ces animaux vivent en bon entendement entre eux et ce serait bien que ce soit pareil avec vous. En coupant vos bois, leurs bois, vous allez beaucoup les déranger, changer leur environnement, les stresser. Protégez-les au mieux pendant toute cette période qui va beaucoup les perturber. Ces animaux n'ont d'autre refuge que le couvert des arbres.

Mais il y a d'autres phénomènes qui les perturbent tout autant : les tempêtes et le feu. Si vous deviez brûler des branches et feuillages, soit parce qu'elles vous encombrent, soit parce que vous voulez vous réchauffer en hiver ou faire cuire votre repas, veillez à éloigner cette source de chaleur de leur tanière. S'abstenir de tout feu reste la règle…

7. Pour toute information sur la réglementation, contactez les organismes de votre département : chambre de l'agriculture, fédération de la pêche et de la chasse ou tout simplement le syndicat des propriétaires forestiers.

Les verdures entassées depuis quelque temps peuvent constituer un abri pour toute une faune, n'y touchez pas. Respectez la faune et elle vous respectera.

Longtemps négligés par les propriétaires, ces animaux, lapins, lièvres, peuvent pourtant constituer une source de revenus intéressante selon l'importance de votre forêt ou vous permettre de réaliser de substantielles économies sur des produits qui, si vous vouliez les acheter, vous feraient dépenser beaucoup d'argent. Écureuils, renards, castors entre autres sont protégés et ne peuvent faire l'objet d'aucun commerce.

La pêche en étang

Sur votre étang, vous pouvez louer des emplacements à des pêcheurs pour la journée ou un week-end en les faisant payer au temps passé, comme dans un camping. Une fois par an, vous pourriez même organiser une grande fête pour ramasser l'ensemble des poissons, que vous vendriez à des particuliers ou des restaurateurs.

Mais peut-être préférerez-vous privilégier le *no kill*, qui consiste à remettre à l'eau les poissons pêchés.

Sachez que vous ne pouvez pas retirer de revenus de la pêche provenant des rivières traversant votre propriété car le poisson ne vous appartient pas. La pêche en étang est elle aussi réglementée. Dans les deux cas, un permis de pêche est nécessaire. N'hésitez pas à vous rapprocher des associations de pêcheurs (AAPPMA, associations agréées de pêche et de protection du milieu aquatique).

Ce qui se mange en forêt

Les bourgeons et jeunes pousses

Les bourgeons sont un mets délicieux non seulement pour les chevreuils mais aussi pour nous. Ils peuvent être ajoutés dans une salade, dans la cuisson de viandes et légumes, servis en tisanes ou tout simplement croqués crus comme un fruit cueilli sur l'arbre.

Citons les jeunes pousses d'airelle, d'églantier, de genévrier, de houx, de pin sylvestre, de sapin pectiné, les bourgeons d'argousier, d'aubépine, d'aulne glutineux, de bouleau pubescent et verruqueux, de cèdre, de charme, de châtaignier, de chêne pédonculé, de cornouiller sanguin, d'érable champêtre, de frêne, de hêtre, de mélèze, de noisetier, de peuplier noir, de saule blanc, de sorbier domestique, de sureau noir et de tilleul. Ces arbres ou arbustes possèdent des vertus au moment de la première croissance de printemps.

Vous allez détecter la tendreté au toucher. Le bourgeon et la pousse doivent être aussi doux qu'une peluche, ou que du coton si vous préférez. Les jeunes pousses se distinguent par la différence de couleur avec les pousses de l'année précédente, plus foncées.

Comme la saison de la pousse est courte, le printemps ne durant que trois mois, vous pouvez mettre au réfrigérateur pendant deux ou trois jours une partie de votre récolte et le reste au congélateur, dans des sacs prévus à cet effet.

Le principe de ne prélever que ce dont vous avez besoin reste entier. N'oubliez pas, là encore, de récolter sur plusieurs arbres ou arbustes différents.

Attention : ne prélevez que sur les arbres dont vous avez une bonne connaissance, et si ce n'est pas le cas, demandez, comme vous le feriez pour des champignons. Cela peut sembler évident, mais un rappel n'est jamais inutile.

Les truffes[8]

Qu'elles soient noires ou blanches, ce sont les champignons qui poussent « cachés ». Dans les années 1890-1900, la production en région méditerranéenne était de l'ordre de 2 000 tonnes, soit les deux tiers de la production de la France, le dernier tiers se répartissant dans le Périgord et le Poitou[9]. Quasi abandonnée avec la migration des paysans vers les villes après les dernières guerres, elle subit un engouement nouveau depuis quelques années, au point que la demande est forte et les prix élevés.

Ce champignon si recherché des gastronomes (un rien parfume une omelette) pousse dans les racines de certains chênes et dans des conditions particulières : en terrain calcaire, de moins en moins à l'état naturel et en plantations à quelques centimètres de la surface.

Rechercher des traces d'anciens arbres producteurs doit être un leitmotiv permanent si votre bois-taillis se trouve dans une aire de production habituelle. Les indications courantes sont : un terrain calcaire, des chênes et noisetiers d'apparence rabougrie. Si c'est le cas chez vous, vous devriez vous rapprocher d'Agri-Truffe[10], organisme assurant l'avant et l'après-vente. Seule une analyse plus poussée du sol vous indiquera si votre terrain est propice à une culture de ce « diamant » après une réactivation des arbres en place, et, si vous voulez

8. Source : Jean Grente et Gérard Chevalier, « La trufficulture, un or noir pour la région méditerranéenne », *Forêt méditerranéenne*, n° 2, 1980.
9. Source : Agri-Truffe.
10. Agri-Truffe : www.agritruffe.eu.

développer votre plantation, après l'installation de nouveaux plants. En tout cas, c'est là où poussent les truffes « naturellement » qu'il faut créer une truffière.

Ces plantations requièrent beaucoup d'entretien et doivent être bien gardées des prédateurs : hommes et sangliers. Vous ne mettrez donc aucuns animaux en pâture. C'est une culture non négligeable qui peut révéler quelques surprises car, contrairement aux arbres fruitiers, les résultats ne sont pas toujours à la hauteur des espérances.

Autres champignons

Les arbres ne sont rien sans les champignons. Ceux qui pensent que pour faire pousser des arbres il suffit d'une graine et de terre ont tout faux. Les micro-organismes, divers et variés, jouent un rôle essentiel dans leur développement grâce aux bactéries et aux champignons. Les filaments de ceux-ci, le mycélium, vont enrober les racines des arbres, leur permettant ainsi d'absorber l'eau. Mais ce n'est pas tout, les champignons synthétisent des antibiotiques qu'ils partagent avec la plante, accroissant ainsi sa résistance à certaines maladies. En échange de ces services, la plante fournit aux champignons les sucres que ces derniers sont incapables de synthétiser[11].

Au pays de la gastronomie, nous réduisons naturellement les champignons aux truffes, girolles, cèpes et champignons de Paris. C'est important de les connaître, mais vous serez surpris par la valeur que ceux qui poussent en forêt représentent. À chaque bouleversement, et dieu sait qu'il y en a eu depuis la création de notre Terre, les champignons ont été les seuls micro-organismes à résister, peut-être grâce à leur capacité à rester invisible ou au ras du sol. Ce sont eux qui ont aidé les arbres à se reconstituer.

Les champignons sont de trois sortes :

- Ceux qui poussent cachés, comme les truffes (voir page précédente) ;
- Ceux qui poussent sur le sol : ils sont bien votre propriété, mais vous ne pouvez interdire leur ramassage que dans la mesure où vous l'indiquez en posant des panneaux très explicites – « Ramassage de champignons interdit » ou tout autre panneau que vous trouverez dans les magasins spécialisés. Posez-les en limites de propriété, même si vous êtes loin de tout chemin d'accès. Ces panneaux ont pour but de délivrer un message aux hordes de ramasseurs qui viennent faire des razzias n'importe où en période de pousse. Ce n'est

11. Emmanuelle Grundmann et Marie-Odile Monchicourt, *Ingénieuse nature*, éd. François Bourin, 2011.

pas le cas partout, mais c'est un fait. L'inconvénient, c'est que ces panneaux indiquent aussi la présence de ces champignons. Pour déjouer ce piège, peut-être faut-il les poser dans des endroits neutres, loin des terrains favorables à ces cueillettes qui attirent tant de monde ! Mais surtout, ayez des relations de bon voisinage, rencontrez vos voisins sans leur interdire quoi que ce soit, et vous aurez un retour parfois inattendu ;
- Ceux qui poussent sur les arbres. Certains sont comestibles et d'autres, très rares et très chers, sont utilisés en parfumerie.

Quels que soient les champignons que vous trouverez, ne les consommez pas sans les avoir montrés à un spécialiste. Il vous informera mieux que n'importe quel livre.

Les grottes et cavernes présentées en première partie (voir p. 36) peuvent aussi servir à la culture des champignons. Tout va dépendre de leur taux d'humidité et de leur température, qui doivent être constants été comme hiver. La solidité de la structure ainsi que la commodité de l'aménagement sont des facteurs également déterminants. Une fois ces critères obtenus, il ne vous reste plus qu'à amener du crottin de cheval, le seul qui convienne.

Les fruits sauvages

Parmi les fruits à consommer frais, au sol, se trouvent deux fruits délicieux en particulier : les myrtilles, faciles à ramasser en grande quantité, et les fraises des bois ; dans les haies, pensez aux mûres. Et dans les arbres, cueillez les fruits du genévrier, de l'arbousier, de l'argousier, du sorbier des oiseleurs, de l'épine-vinette, du sureau noir, de l'aubépine.

En ce qui concerne les fruits secs, on trouve dans les arbres les châtaignes, noix, noisettes, amandes, les pignons du pin pignon, les faînes du hêtre.

Les genévriers étant de petits arbustes, lorsqu'une parcelle en est couverte, il est facile de les couper pour récolter les fruits, pour réaliser des confitures et des eaux-de-vie, et les feuilles afin de les distiller, avant de replanter d'autres arbres. Mais, s'ils sont abondants sur cette terre, pourquoi en changer ? Vous devriez alors ne prélever qu'un volume de branches ne pouvant pas nuire à leur croissance, dénuées de fruits verts. Je vous conseille, les années suivantes, d'élaguer les arbustes et de ne plus y toucher pendant trois ans.

Les pins sont à la forêt, par l'odeur incomparable qu'ils dégagent, ce que la lavande est à la Provence. Ils évoquent des paysages et un territoire particulier.

Tout est bon dans le pin, ses aiguilles pour l'huile, son tronc pour la résine, sa sève, son écorce pour un antioxydant, le pycnogénol, riche en flavonoïdes (70 % minimum), ses graines pour une huile réparatrice, ses bourgeons pour un macérat.

Vous ne pouvez pas rater le pin pignon, sa cime en forme de parasol étant visible de loin. Au sol, le terrain dénudé par la perte des aiguilles de l'arbre révèle leur pouvoir insecticide naturel : entourez-en vos massifs et, si vous en avez de gros volumes, n'hésitez pas à les commercialiser. Pour assurer une production rentable, il faut un grand nombre d'arbres, mais les fruits des quelques sujets que vous aurez peut-être pourront être vendus dans votre boutique pour la pâtisserie.

De l'intérêt de créer une boutique

Ne montez une boutique à l'orée de votre forêt ou à votre domicile (dans ce cas, la fiscalité n'est plus la même) que si vous disposez d'une quantité assez substantielle de feuillages, de bourgeons et jeunes pousses d'essences différentes, et d'autres produits comme le miel, les huiles essentielles… bref, tous ceux dont nous venons de parler (attention, vous devez indiquer votre projet à la chambre d'agriculture, la forêt est de sa compétence). Si ce n'est pas le cas, faites-vous plaisir en concoctant des tisanes pour votre plus grand bien et celui de votre famille, cela ne se quantifie pas mais fait partie des privilèges d'être propriétaire d'une parcelle forestière, quelle qu'en soit la taille.

Des fruits moins sauvages

L'actinidia (arbre à kiwis) et le cacaoyer sont des lianes qui s'accrochent aux branches, et recherchent la lumière et la fraîcheur. Vous pouvez donc utiliser vos arbres comme tuteurs. S'il vous sera facile d'implanter quelques pieds de kiwis dans une partie de votre parcelle de bois, ce sera plus difficile avec le cacaoyer. Quoique… j'en ai vu en Lozère suspendus à la terrasse d'une maison exposée 100 % plein sud. Humidité et chaleur, ceci explique cela, mais l'histoire ne dit pas si la cabosse a mûri… Comme il faut ramasser les fruits, ne les laissez pas monter trop haut.

Chapitre 3
Des bénéfices anecdotiques

La récolte de semences

Pour récolter des semences, il faut réunir de bonnes conditions : des arbres adultes, de bonne conformité (bien droits, sans défauts, avec une fourche haute), ayant de bons antécédents (les semences ont déjà servi à la reproduction).

Il faut pouvoir répondre à un cahier des charges rigoureux : pouvoir déterminer l'origine des graines, l'abondance de la fructification, pouvoir prouver qu'elles ont été collectées à bonne maturité, expliquer quelle méthode de récolte a été choisie ainsi que celle de conservation et comment elles ont été emballées pour l'expédition.

Parce que de chaque graine plantée dépend la qualité des arbres pour le siècle à venir, toutes ces prescriptions sont déterminantes et chaque acheteur voudra connaître la provenance, avoir un certificat de qualité, une formule d'expédition, et un certificat de contrôle.

Si vos arbres sont beaux et peuvent produire des graines de qualité et en abondance et que les espèces sont rares et de qualité, il n'est pas nécessaire d'avoir un grand nombre d'arbres. Les semences sont un bien précieux à exploiter.

Trophées et autres rejets animaux

Chaque année, les chevreuils et autres cervidés perdent leurs bois pour laisser place à un nouvel apparat qu'ils pourront brandir fièrement pour impressionner les femelles et se défendre. Selon la densité de ces animaux dans un massif forestier, vous pouvez trouver un nombre plus ou moins grand de bois. Comme les animaux sauvages n'appartiennent à personne, cette découverte fera votre bonheur.

Une fois assemblés, les bois seront des trophées trônant en belle place au-dessus d'une cheminée.

Le crottin de cheval est le meilleur fumier pour faire pousser des champignons de Paris, celui de brebis est excellent pour les potagers. Quant à celui des chevreuils, des sangliers, des loups, des ours, des écureuils, des renards, des oiseaux (le guano), nourris aux herbes et fruits sauvages, pourrait-il avoir des vertus ou des applications permettant de créer, à partir d'une matière subalterne, un produit inexistant ?

Les herbes médicinales et aromatiques

Se soigner par les plantes ne guérit pas tous les maux mais permet d'utiliser beaucoup moins de médicaments. Ceci n'est pas le sujet de ce livre et de nombreux ouvrages spécialisés parleront mieux du sujet que moi (voir en bibliographie p. 183).

Lorsque je fais mes courses, je suis toujours étonné du manque d'offre d'herbes aromatiques, sauf dans les pays méditerranéens. Là-bas, chaque cuisinière vous le dira : un plat de légumes, de viande, de poisson, les sauces, tout doit être aromatisé par une proportion impressionnante d'herbes qui sentent bon la campagne. Du romarin, du thym, de la ciboulette, de l'ail, du persil plat, du cerfeuil, de la sauge, quelques feuilles de laurier-sauce, d'estragon, rien ne doit manquer. Non seulement leur utilisation ravive le goût des mets, mais elle est de plus bonne pour notre santé. Alors, pourquoi en trouve-t-on si peu en dehors de la région du soleil ?

Vous savez ce qui vous reste à faire… Créez votre espace de fleurs et plantes aromatiques ! Vous pourrez aller les vendre sur les marchés, à côté des maraîchers qui les ont oubliées. En tout cas, commencez par analyser le pH de votre sol pour sélectionner les plantes qui pousseront le mieux ici (voir p. 26). Pour amender, utilisez tout ce qui se désagrège dans votre forêt, troncs, branches et l'humus des feuilles, dont il est tout aussi important de connaître l'acidité. Procédez doucement dans votre installation, ne vous précipitez pas pour construire une cabane de jardin, attendez de voir comment cela se passe. À vos bêches…

Les plantes comme indicateur de la nature du sol

Les Romains avaient une méthode infaillible : ils observaient le comportement de l'herbe pendant les gelées. Elle reste verte lorsque le sol contient des minerais et gèle là où il n'y en a pas, tout simplement parce que les minerais dégagent de la chaleur.

Ail des ours, anémone des bois, benoîte commune, bugle rampante, ficaire, fougère mâle, fraisier commun, herbe des sorcières, jacinthe des bois, laurier des sorcières, lierre terrestre, muguet, mélampyre des près, pain de coucou, petite pervenche, primevère acaule, violette des bois, ces plantes aux jolis noms peuvent tapisser vos sous-bois. Une prolifération de plantes différentes est un bon indicateur de la santé de votre sol et donne envie de connaître sa nature.

Ainsi, le buis apporte de l'azote, il pousse sur les sols ordinaires, un peu calcaire, mais pas sur les terres sèches ; les genêts croissent dans les sols pauvres, sableux, bien drainés ; les ajoncs sur un sol ordinaire ou sableux ; le fragon accepte tous les sols très bien drainés et a une prédilection pour les sols calcaires.

Si ces plantes poussent chez vous, pas besoin de faire analyser votre sol. Enfin, sachez qu'un arbre rabougri isolé signale simplement qu'il est malade, mais en trouver un grand nombre dans le même état indique que le sol ne leur convient pas.

Bois pourri ou décomposé

Sur un terrain qui n'a pas été entretenu, vous trouverez des arbres pourris et/ou décomposés. S'ils sont debout, laissez-les pour les animaux ; couchés sur le sol, ils vont l'enrichir, mais vous pouvez aussi utiliser ces dépouilles pour amender le sol de votre potager.

Cette pourriture est très recherchée par les jardiniers et les maraîchers qui font de la permaculture et cultivent sur butte. Pour alimenter ces professionnels, il vous faudrait disposer d'une grande quantité de matière pourrie, ce que je ne vous souhaite pas, car cela montrerait que votre sol a un problème d'humidité ou que la couche de terre est faible et interdit à vos arbres de se développer. Le mieux est d'adopter la règle suivante :

- un tiers pour laisser les animaux se réfugier, les insectes assumer leur rôle de nettoyage et les oiseaux disposer d'une réserve de nourriture ;
- un tiers pour vos propres amendements ;
- un tiers pour la vente.

Bois flottés

Les fleuves, les rivières, regorgent, surtout pendant les fortes pluies, de bois flottant à la surface ou entre deux eaux que le courant est allé chercher sur les terrains inondés, récupérant tout ce qui flotte, ou qu'il transporte après arrachage des arbres sur berge ou déracinement. Les dégâts commis pendant les inondations sont tout aussi dévastateurs pour la nature que pour les personnes ou les biens. La force des courants arrache des pans entiers de berges, quelquefois sur de très larges portions, emportant tout (arbres, clôtures, terres) et redessinant la géographie des lieux.

Certains propriétaires perdent ainsi plusieurs dizaines ou centaines de mètres carrés de leur surface en prairies, cultures, forêts. D'autres, au contraire, voient au fil des années leur terrain s'agrandir, le courant déposant sur les berges leur quota de sable, de terre, d'alluvions et de déchets divers, dont d'innombrables grumes.

À qui appartiennent ces bois ? Si les arbres sont marqués, ils restent la propriété de celui qui les a marqués. Encore faut-il qu'ils viennent les rechercher, ce qui n'est pratiquement jamais le cas, car il faudrait traverser des prairies, des champs, des bois-taillis, au risque d'abîmer le terrain. Sinon, ils appartiennent au riverain ou à celui qui ira les chercher. Si votre forêt longe une rivière, vous jouissez du droit de récupération accordé à n'importe quel individu et de vos droits de riverain. Pensez-y lors d'un futur achat.

Les grumes sont à récupérer en priorité, puis le bois d'industrie et le bois de chauffage, avec un camion possédant une griffe pour remonter les arbres, un canot à moteur pour aller récupérer les grumes dans les rivières, avec un grappin ou une grosse pointe à enfoncer dans l'arbre ou un bon cordage pour pouvoir les remorquer jusqu'à la rive, une tronçonneuse pour débiter sur place les produits récupérés.

Il faudra d'abord avoir repéré, sur le bord des rives, des accès publics qui vous permettent d'accéder aux cours d'eau, car vous ne pouvez pas traverser un terrain privé. Au moment des inondations, vous devez donc observer les mouvements d'arbres, positionner votre camion à proximité des fleuves dès la fin de la crue, puis, avec votre canot, attendre que des arbres s'approchent de l'endroit où vous êtes afin de pouvoir les arrimer, les tirer jusqu'à votre rive et les y fixer (cela vous permettra d'aller en cueillir d'autres), pour ensuite les sortir de l'eau et les monter sur votre camion.

Hors période de crue, vous pouvez aller chercher les arbres échoués sur des bancs de sable, coincés au bord des rives, en vérifiant que ces arbres n'ont pas été déracinés ou cassés de la propriété contiguë.

Le principal risque provient des branches non visibles situées sous l'arbre et qui peuvent l'échouer durablement en le fixant au banc de sable ou au fond de l'eau, de la force du courant et du poids de l'arbre, qui peut vous entraîner avec lui et vous faire chavirer. En fait, l'idéal est d'attendre que les flots soient revenus à leur état normal pour aller chercher les grumes.

Par sécurité, il vaut mieux être deux pour cette activité.

L'intérêt de l'opération est que vous économisez le prix d'achat du bois, le temps passé au marquage et à l'estimation. Mais cela va vous coûter les frais de fonctionnement du camion, la rémunération de la personne qui va vous assister, le canot, son moteur et sa remorque, un lieu de stockage.

Une fois réalisées toutes ces étapes, vous pourrez vendre les grumes à des scieries après triage des bois en fonction de leur qualité. Sinon, la vente en bois de chauffage vous permettra d'économiser deux ans de séchage – et donc de stockage.

Les bois dits « flottés » ayant séjourné longtemps dans l'eau prennent de la valeur car leur résistance et leurs qualités technologiques en ont été renforcées. Ils ont en plus été débarrassés de leur sève, de l'aubier, et, une fois séchés, ils sont prêts pour une belle utilisation, comme des bois précieux qu'ils sont de fait devenus : tournage, sculptage, marqueterie, confection de pièces de mobilier ou décoration. Plus un bout de bois a séjourné dans l'eau, douce ou salée, plus il durcit et peut être transformé en œuvre d'art, par exemple des figurines en bois flotté ou des bijoux de valeur car fabriqués dans des bois rares.

Attention : les arbres peuvent avoir des clous ou du barbelé, les rendant impropres au sciage. Pour en avoir le cœur net, passez-les au détecteur...

Quelle que soit leur utilisation future, grâce à la perte de leur sève chassée par l'eau, les bois flottés sont commercialisables immédiatement. Vous n'avez plus qu'à les débiter à la bonne longueur et à les livrer.

Chapitre 4
La production d'énergie

Il s'agira ici de la production d'énergie pour soi-même (autoconsommation) et/ou destinée à la vente. Produire de l'énergie est dans l'air du temps et de nombreuses aides sont accordées aux personnes qui, comme vous, possèdent un sol pouvant être valorisé.

Il existe au moins quatre sources permettant de le faire dans votre forêt : le vent, le soleil, l'eau et le bois. Selon votre terrain, vous pouvez en valoriser une, deux, trois… voire les quatre.

Le vent

Si votre parcelle est en hauteur ou située dans un couloir très venteux, l'énergie éolienne est pour vous. Que l'on soit pour ou contre ce genre d'installation, on ne peut pas dire qu'elle apporte des nuisances lorsqu'elle est située en pleine forêt, loin de toute habitation. Le problème est que pour installer des éoliennes, il faut détruire un grand nombre d'arbres. Bien réfléchir à l'opportunité d'une telle installation.

Le soleil

L'énergie solaire peut être captée et transformée en production électrique pour votre autoconsommation en vous équipant d'une ou plusieurs MI.C.E.S. (mini-centrale électrique solaire). Vous en aurez besoin si vous décidez d'ouvrir une boutique ou d'installer une yourte par exemple. Dans ce cas, votre terrain doit être orienté sud - sud-ouest : pour ces deux installations, il ne s'agit pas de défricher, mais d'utiliser des espaces découverts ou peu propices à une bonne plantation d'arbres, parce que trop caillouteux.

L'eau

Elle produit de l'énergie hydraulique que vous pourrez revendre si la puissance permet une bonne production. Pour installer une microcentrale, votre forêt doit être traversée par une rivière bien sûr, avec un bon débit, et il faut qu'en période de crue l'aval ne remonte pas, ce qui noierait votre installation. Celle-ci ne peut se faire sans une bonne étude de l'emplacement, du débit et du matériel adéquat : faites venir un spécialiste.

Si votre demande est accordée, vous pouvez financer cette installation seul ou créer une société d'exploitation en faisant appel à des investisseurs spécialisés. Vous serez payé sous forme de loyers et d'un intéressement sur la production.

Le bois, énergie renouvelable

Et si vos arbres pouvaient, à moyen terme, remplacer les énergies fossiles ? C'est déjà un peu le cas, me direz-vous, puisque nous consommons du bois brut pour nous chauffer. Mais je veux parler là des énergies propres, consommées à l'état brut.

Pour les chaudières à pellets

Les choix en matière de propreté de l'énergie sont en train de changer, et c'est le cas avec l'apparition d'un nouveau mode de chauffage : les pellets. Ils sont le produit de la compression de la sciure, qui élimine quasiment toute l'eau. Sa disparition permet donc une combustion tout aussi efficace que celle du mazout ou du charbon, la propreté en plus.

Je suis personnellement convaincu que les bûches seront de moins en moins employées et que les chaudières à pellets remplaceront celles à bûches, reléguant celles-ci à un usage convivial.

Pour alimenter les centrales électriques

Le bois peut aussi être utilisé comme source d'énergie pour alimenter des centrales électriques tout comme l'eau, énergie renouvelable, retenue dans les barrages et que l'on stocke facilement, le mazout et le charbon, largement employés de par le monde mais non renouvelables.

De telles centrales peuvent être installées au milieu de massifs forestiers inaccessibles, un réseau interne de chemins forestiers permettant leur approvisionnement. Le bois sur pied, lorsqu'il est trop éloigné des centres de transformation et de consommation, a une valeur négligeable. Ce serait un bon moyen de lui redonner sa juste valeur.

Une nouvelle problématique : trouver du bois

Le besoin en pellets est devenu monstrueux et les fabricants sont proches de la pénurie de bois. La France est le plus grand consommateur de bois de chauffage en Europe et un problème d'approvisionnement pourrait se profiler ; mais il pourrait à mon avis être résolu en allant chercher de plus en plus loin la matière première. Les pays au climat méditerranéen n'ont que faire de leurs taillis de chênes, d'eucalyptus, essences renouvelables à souhait, car ils ne connaissent pas le froid en hiver, ou seulement pendant de courtes périodes. C'est là-bas qu'est la solution, avec un surcoût de prix de transport certes, à moins de directement sur place transformer le bois en pellets ou produire de l'électricité.

De totalement polluant, le bois, énergie ô combien renouvelable, est devenu une source d'énergie relativement propre. En Europe, on n'a pas de pétrole, mais on a du bois.

Quelque chose se prépare qui pourrait révolutionner l'énergie de demain : une société israélienne, FuturaGene, travaille sur la modification de la structure cellulaire des arbres en adaptant le gène provenant d'une plante vivace commune du genre *Arabidopsis*, qui permet d'accélérer leur croissance. Cette société a réalisé, à titre expérimental, des plantations de milliers d'hectares d'eucalyptus : cette modification de structure permettrait d'obtenir une croissance de près de 40 % et de diminuer le délai avant la coupe de 7 ans à 5 ans et demi. En plantant des centaines de milliers d'hectares, on pourrait, à terme, remplacer la totalité de l'énergie fossile.

À moins que cette expérimentation se transforme en désastre ! Les monoplantations, d'eucalyptus, de pins, de peupliers, réalisées sur des surfaces démesurées provoquent une déstabilisation du climat au moment des coupes rases, avec absence de précipitations, appauvrissement des nappes phréatiques, risques d'incendie, ce qui se vérifie déjà chaque année au Portugal, en Espagne, aux États-Unis et au Brésil.

Que se passerait-il l'année où des incendies non maîtrisables ravageraient des centaines de milliers d'hectares ? La source destinée à remplacer l'énergie serait à son tour en voie de disparition et son prix, lui aussi, flamberait…

Pour produire une terre d'une fertilité inégalée

Lorsque les conquistadors sont arrivés près des sources de l'Amazone, ils ont découvert quelque chose de bien plus intéressant que l'or (très vite dépensé), une terre d'une fertilité jamais égalée : la *terra preta*. Ses propriétés sont dues à un mélange savamment dosé de charbon de bois (environ 14 %), de terre glaise, de tessons de poteries, de déchets organiques, d'os et d'arêtes, l'ensemble trituré par une espèce de ver de terre que l'on ne trouve que dans cette partie du globe. Son développement permettrait de remplacer les engrais chimiques.

Vous pouvez la reproduire chez vous, c'est le meilleur des composts, ou terreau. Une fois la bonne composition obtenue, ce sera pour toute la vie de votre jardin, de votre potager. Et votre descendance cherchera à comprendre pourquoi tout pousse sur la terre que vous leur avez laissée.

Donc si vous voulez créer votre propre *terra preta*, il va vous falloir du charbon de bois. Or il ne reste plus en France de petits producteurs chez qui s'approvisionner, tous remplacés par de grosses unités, comme Rousseau, à Dussac, en Dordogne, à la limite de la Haute-Vienne. Certes la production est devenue plus propre grâce à ces grosses unités, qui rejettent peu de CO_2 et récupèrent les poussières, mais vous pouvez aussi fabriquer votre propre charbon.

Le processus de transformation du bois en charbon, la pyrolyse, se fait en quatre étapes : une fois le bois séché, ce sont les gaz dégagés qui vont progressivement l'enrichir en carbone pour obtenir le combustible léger que nous connaissons surtout pour son utilisation en barbecue. Chacune de ces étapes doit être lente pour éviter que le bois ne s'enflamme.

La combustion est aujourd'hui réalisée dans des fours de plus en plus grands, en forêt ou sur parc dans les scieries, source d'approvisionnement de résidus de bois. En forêt, ce sont les arbres secs ou fraîchement coupés qui sont utilisés. Avant qu'on utilise ces fours en fer, le four était souterrain ou créé en surface. L'espace était défriché et bien entretenu pour éviter les feux de forêts. Vous devez faire de même.

Le procédé est évidemment très rustique.

Pour la production de biomasse

Contrairement à la production de charbon de bois, qui se réalise à l'air libre, la production de biomasse permet d'obtenir des gaz (méthane, CO_2), en circuit fermé. Elle pourrait vous permettre d'alimenter votre maison et vos installations agricoles et forestières.

Partie III
Les ressources à envisager

Chapitre 1
Profiter de l'énergie des arbres

Le bois produit de l'énergie quand il se transforme en combustible, pour nous chauffer ou produire de l'électricité, mais depuis quelques années on parle d'une énergie d'une tout autre nature. Il s'agit de celle qui se transmet à notre corps pour le doper, le booster, nous redonner un moral d'acier au bon moment.

Certains assurent qu'on peut recevoir l'énergie d'un arbre en l'entourant de ses bras. Pour ma part, j'avoue que j'étais un peu perplexe, jusqu'à ce qu'une personne d'un certain âge à qui je dédicaçais un livre sur les arbres et la santé me raconte que régulièrement elle allait littéralement embrasser l'unique chêne bicentenaire qu'elle possédait et qu'à chaque fois elle se sentait revigorée, avait refait le plein d'énergie et s'en trouvait presque transcendée. Aurait-elle un pouvoir que cet arbre essaierait de lui transmettre ? D'où l'arbre lui-même puiserait-il cette énergie ? Du sol ? Du soleil ? Probablement du magnétisme de la terre, auquel chacun d'entre nous est soumis, avec un ressenti plus ou moins élevé – la personne dont il est question doit y être particulièrement sensible. Son témoignage nous entraîne à une libre réflexion. Ces ondes valent la peine d'être étudiées.

N'oublions pas que nous venons de la terre, comme les arbres… Il y a sans doute une explication non pas divine mais bien terre à terre.

Les arbres, ces êtres suprêmes, nous fascinent. Pour ma part, ils me donnent de la force simplement par leur grandeur et le déploiement de leurs branches, comme le font les hêtres d'Iraty au Pays basque, où j'ai vu une famille entière pique-niquer au cœur de l'un d'eux. Mon admiration va aussi vers le cèdre du Liban, dont le faîtage semble capable de prendre un enfant sur ses branches. J'ai l'impression, en les regardant, qu'une personne bienveillante est prête à me soulever pour me porter et me dit : « Vas-y, n'hésite pas, fonce, grandis comme nous. »

Nous, pauvres êtres humains, nous nous tassons un peu plus chaque année ; alors qu'eux continuent leur ascension vers des sommets. Ils vont vers un âge canonique que nous sommes bien incapables d'atteindre. C'est cette durée de vie qui m'impressionne. J'aimerais devenir comme eux. Ils ont une force inouïe et en même temps sont d'un calme absolu, capables de se mettre au repos en perdant leurs feuilles, ou même leurs aiguilles, comme le mélèze, seul résineux à le faire, pour mieux se revigorer. Tout en reprenant racine comme pour se rehausser d'un cran, ils se revitalisent en incitant leur sève à remonter pour une nouvelle saison et montrer comme ils sont les plus beaux. Les rois de la forêt, ce sont eux.

Nous pouvons tous puiser leur énergie rien qu'en les regardant, embrassez-les si vous voulez… Sentir l'odeur de la forêt et s'y promener apaise et revigore.

Chapitre 2
Le tourisme et les loisirs

À vous, selon vos envies et les ressources de votre forêt, de la partager ou la faire découvrir aux autres. Ici, vous trouverez plusieurs idées.

Du sensationnel

Ce que recherchent les touristes en général, c'est du sensationnel, apprendre, comprendre. Quand je parle de tourisme en forêt, je parle de sensationnel. Je pense par exemple à un arbre remarquable par son tour de taille, sa hauteur, son âge, par son aménagement intérieur, à une légende le concernant, à une histoire à raconter et qui va intéresser aussi bien les enfants que les parents.

Arbres remarquables

Isolés ou groupés, ces arbres disposent d'une situation particulière dans votre forêt, loin de toute habitation. Il s'agit :

- De hêtres, que l'on trouve par exemple par exemple au Pays basque, dans la forêt d'Iraty, près de Saint-Jean-Pied-de-Port, à la beauté incroyable grâce à leur envergure et la taille de leurs branches basses ; on ne peut rester insensible devant de tels arbres, qui expriment à mes yeux la plus grande des valeurs du monde : l'amour débordant ;
- De pins parasol ;
- D'ifs isolés ou en groupe, qui peuvent avoir plusieurs centaines ou milliers d'années ;
- De platanes tricentenaires, ou plus vieux encore, et dans lesquels il serait relativement aisé d'installer une cabane perchée ou nichée dans un creux ;
- De saules pleureurs, que l'on trouve en bordure de rivière et autres points d'eau ;
- De cèdres ou cyprès majestueux.

Tous ces arbres ont la particularité de donner de la magie, du surnaturel, à des lieux qui, pour la plupart, ont été des lieux de vie. Ils donnent envie de les habiter pour méditer ou tout simplement pour sentir le privilège d'en percer le sens. Leur valeur n'est pas quantifiable en espèces sonnantes et trébuchantes. Que vaut un groupe de platanes bicentenaires dans lesquels vous pourriez installer une cabane perchée ? Beaucoup plus qu'un terrain constructible, car c'est exceptionnel. Et combien une parcelle avec un if de 500 ou 1 000 ans ? Pour un saule pleureur ou un cèdre, nous ne sommes plus dans les mêmes valeurs, mais cela vaut bien le haut de la fourchette des plus belles parcelles en bord de rivière. Mais peu importe le prix si vous voulez les conserver pour vous ou si votre priorité est plus de continuer à acquérir d'autres parcelles de bois-taillis pour le bois et les autres ressources naturelles à découvrir.

Ces îlots proviennent peut-être de ce que l'on appelait autrefois des « bois sacrés », car ils se trouvaient à proximité de villages et on attribuait à certains arbres des vertus magiques[12]. Maintenant ces bosquets, par la reforestation naturelle, se trouvent imbriqués dans le reste de la forêt. Les traces qui vous permettraient de les distinguer du reste du bois sont à rechercher en étudiant la composition du sol et l'âge des peuplements, qui doivent être clairement différenciés, plusieurs dizaines d'années pouvant les séparer.

En tout cas, si vous possédez plusieurs de ces arbres remarquables, vous pouvez commencer à réfléchir sur l'organisation d'une activité touristique, en vous posant ces questions : « Ma forêt est-elle facile d'accès, loin ou proche d'une grande ville, située sur un passage de vacanciers ? »

L'accueil en cabanes

Quand je dis sensationnel, je pense aussi à la possibilité d'installer dans des arbres disposant de branches solides des cabanes modernes prêtes à recevoir un couple seul ou avec des enfants.

Une promenade guidée dans vos bois vous permettra de les sensibiliser à l'écologie forestière, d'expliquer la vie en forêt pour les arbres et les forestiers, qu'ici le temps n'est pas le même que dans la « vraie vie », que tout ici est décalé. Vous insisterez sur le fait que la forêt est le seul mode de culture qui n'utilise pas d'engrais, que, grâce à la chute des branches et des arbres morts ainsi qu'à la faune qui la peuple, la forêt produit elle-même son propre terreau et que cela lui suffit. Vous leur montrerez que chez vous on utilise des méthodes douces pour l'exploitation, et, si vous avez pris la précaution de vous équiper d'un cheval et d'une remorque adaptée à vos sous-bois, qui n'écrase pas le sol et les jeunes pousses prometteuses, vous pourrez expliquer

12. Pierre George et Fernand Verger, *Dictionnaire de la géographie*, PUF, 1996, p. 47.

que ce mode de travail est encore pratiqué dans de nombreux pays du monde (Russie, plus gros exportateur mondial de bois, Roumanie, Asie et Amérique du Sud…) et comment vous êtes revenu à ce mode d'exploitation.

Si votre forêt dispose d'une grotte troglodyte, d'un dolmen, vous pourrez apporter des éléments historiques – et croyez-moi, tous les lieux qui possèdent une grotte reçoivent un nombre incroyable de visiteurs.

Un aménagement pour la pêche et autres activités sportives

Vendre des parcelles

Si votre terrain se trouve en bordure de rivière, vous pouvez l'aménager pour la pêche et les loisirs, par exemple en créant des parcelles privées, garanties sans permis de construire. La création de lotissements de loisirs échappe à toutes contraintes administratives. Naturellement, vous ne devez installer ni l'eau ni l'électricité, encore moins installer de sanitaires et de fosses septiques. Personne ne vous dira quoi que ce soit si vous créez des toilettes sèches, pour des raisons de salubrité évidentes, ou apportez une mini-installation de production électrique solaire pendant la durée de votre petit séjour, du moment que tout est démontable.

Il ne s'agit pas de terrains pour le camping ou le caravaning soumis à des contraintes énormes et légitimes pour garantir la sécurité des clients. Ici, vous devrez simplement amener une voie carrossable pour que chaque personne à qui vous vendrez une parcelle puisse y accéder en voiture.

Faites avec les moyens du bord. Munissez votre tracteur d'une lame pour tracer la route sur une profondeur de 10 centimètres et une largeur de 2,50 à 3 mètres. Si vous n'en avez pas, c'est peut-être le moment d'en acheter un d'occasion qui sera utile pour vos travaux forestiers, ou demandez à un voisin en échange de bois. Seul l'enrochement vous coûtera un peu d'argent.

Vous ne pourrez pas non plus installer de cabane, d'abri de jardin et, si les vacanciers veulent venir en caravane, ils devront avoir les autorisations requises et en aucun cas la laisser toute l'année. J'ai moi-même été confronté à ce problème il y a fort longtemps, il y avait interdiction absolue de toute construction d'abri de jardin quelle que soit la surface. Le propriétaire de la parcelle a donc construit la structure, c'est-à-dire les poteaux et une toiture, sans la fermer (pour ne pas gêner le cours de la rivière en période de crue). Ainsi, lorsqu'il vient, il ferme cette structure d'une toile de bâche et se trouve ainsi à l'abri des regards, du vent et de la pluie. Personne n'a jamais trouvé rien à redire à cela alors que l'ensemble est bien visible d'une route nationale. Et, depuis 1988, la structure en bois, très robuste, est toujours debout.

Le public concerné réclame des arbres pour l'ombre et du bois pour faire des barbecues. Tous s'emploient à nettoyer avec beaucoup de plaisir le sous-bois, à élaguer les arbres, à couper ceux qui sont morts et les gênent, à faire pousser du gazon dans les parties dégagées. De vrais passionnés, qui ont quelquefois du mal à convaincre leurs familles mais, lorsque celle-ci aime tout simplement la nature et l'eau, c'est un vrai plaisir de les voir s'épanouir à leur contact.

Beaucoup amènent une barque, quand le débit de la rivière et son niveau le permettent, pêchent en son milieu, vont se promener le long des rives, discutent avec leurs voisins… Une convivialité s'instaure.

Pour réaliser des espaces de loisirs, pas besoin de géomètre. Déterminez la largeur des parcelles, 15 à 20 mètres pas plus, en posant des piquets numérotés, toutes rejoignant le chemin. Reportez-les sur un plan cadastral à échelle 1/25 000. Passez des annonces dans les journaux gratuits les plus proches, faites visiter et concluez par la signature d'un contrat que vous ferez établir par un notaire.

Louer des parcelles

J'ai réalisé cinq lotissements de loisirs, ce qui représente près d'une centaine de lots, et à chaque opération des investisseurs m'en ont acheté un ou deux pour les louer à l'année. C'est vrai que certains pêcheurs ne sont pas du tout décidés à s'installer dans un lieu plutôt que dans un autre, voulant tester une rivière puis une autre et n'ayant aucune envie d'investir dans un achat avec tous les frais inhérents : notaire, entretien… impôts peut-être un jour ! Ces pêcheurs-là regardent peu le coût de la location et sont beaucoup plus attachés à la situation de la parcelle par rapport au courant, à la profondeur de la rivière, aux herbes et à d'autres critères qu'ils gardent bien secrets. Si vous optez pour la location de vos parcelles plutôt que leur vente, vous allez pouvoir réaliser de grandes économies : inutile, en effet, de les faire borner.

Vous ne prendrez ainsi que peu de risque tout en donnant une plus-value à votre forêt, puisque vous l'aurez dotée, comme en cas de vente des parcelles (voir page précédente), d'un chemin empierré donnant sur les parcelles pour la pêche et les loisirs, sur des parcelles pouvant recevoir un habitat de loisirs, sur un accueil pour vendre les produits issus de vos bois, sur une résidence secondaire ou permanente…

Il est important d'aménager en pensant à l'avenir.

Des activités sportives

Voici quelques activités sportives proposables facilement sur votre espace de forêt.

Un week-end de survie

Apprendre à utiliser les ressources de la forêt pour survivre pendant quelques jours, loin de toute habitation, sans contacts humains, et à se débrouiller seul, avec des copains ou en famille, est une expérience excitante, pleine de situations inattendues qui forment le caractère.

Yoga et méditation

De plus en plus souvent, les pratiquants de yoga cherchent des lieux propices à la réflexion et à la spiritualité. Une forêt, loin de toutes sources de bruit et de pollution, avec une clairière lumineuse, des blocs de roches bien arrondis, des essences de bois feuillus, devrait représenter l'idéal pour eux.

Méditer en groupe ou seul au pied d'un arbre, au creux d'une grotte, en haut d'un hêtre, en marchant, pourrait bien aussi intéresser de plus en plus de gens.

Dans les deux cas, contactez les professionnels en leur vantant les mérites de votre lieu qui sent bon la douceur de vivre.

Marcher pieds nus

Quand j'étais adolescent, j'allais à l'école en enlevant mes chaussures sitôt sorti de la maison, pour passer par la plage où je vivais la meilleure des sensations, celle du sable chatouillant la plante de mes pieds pendant quelques centaines de mètres. Je passais au bord de l'eau pour augmenter le plaisir, puis je remettais mes chaussures et l'air de rien j'arrivais à l'école presque à l'heure.

Je crois bien que j'étais le seul à pratiquer ce qui pourrait s'apparenter à de la thalassothérapie. Bien des années après, les vertus du sable pour décaper les matériaux ont été mises à profit. Moi j'étais capable de jouer au tennis pieds nus sur de la terre battue… Le frottement du sable faisait remonter jusqu'à ma tête des vibrations qui me mettaient de bonne humeur pour tout le reste de la journée. Au retour à midi, puis après déjeuner et enfin le soir, soit quatre fois par jour, été comme hiver, et c'était encore mieux pendant les tempêtes, où il fallait prendre garde de ne pas perdre ses souliers ni de se faire avaler par une vague, le sable et moi ne faisions qu'un.

Dans des forêts où la terre est sableuse, vous pouvez créer votre parcours de santé en vous débarrassant des branches et brindilles qui jonchent le sol. Non seulement vous découvrirez les mêmes joies, mais vous connaîtrez encore mieux votre sous-bois. Vous n'êtes pas obligé de traverser des zones épineuses, vous êtes là pour vous faire du bien, c'est tout.

Sentier de randonnée et parcours VTT

Selon l'étendue de votre domaine, vous pouvez créer un sentier de randonnée pédestre, et l'ouvrir aux clients de vos autres activités ou le proposer à la Fédération de randonnée pédestre, et un parcours de VTT pour vous-même ou en l'ouvrant à la Fédération de VTT. Ce sera généralement le même chemin. Pour éviter la gêne pour les randonneurs, mieux vaut prévenir des jours de courses de vélos.

Un practice de golf

Je ne parle pas d'enlever des arbres ni de réaliser un 18-trous, mais d'aménager une bande de terrain dénudée pour permettre aux jeunes d'apprendre à taper sur une balle qui ira se perdre dans un filet. On l'appelle un « practice » de golf, il est dit rustique parce que la tonte du gazon est confiée à un troupeau de moutons, et aménagé dans une clairière ou en lisière pour de toute façon ne pas couper d'arbres.

Un parcours d'accrobranche

C'est encore une possibilité mais vous pouvez aussi développer une idée innovante d'accueil du public en vous renseignant sur toutes les normes et les règles pour ce faire.

À la découverte de la nature

Nos compatriotes raffolent de plus en plus de la nature et les habitants des grandes villes ont de plus en plus le besoin d'entrer en symbiose avec celle-ci. Créer des espaces ou des activités en lien avec elle est totalement dans la mouvance actuelle.

Un observatoire de la faune

En fonction de la superficie de votre forêt ou de l'espace privilégié qu'elle occupe, vous pouvez consacrer une partie de votre temps à l'observation des animaux et offrir cette possibilité à tous ces gens en demande de nature, avides de voir les animaux en totale liberté plutôt qu'enfermés dans des zoos, sans se faire repérer, ce qui implique un silence absolu.

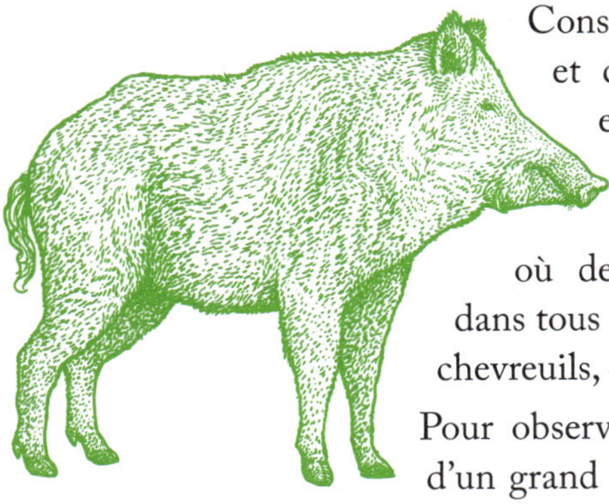

Construisez une cabane haut perchée et dissimulée au milieu des arbres, par exemple en bordure d'un étang où vous avez remarqué des mouvements réguliers de colonies, d'une rivière où des castors construisent des barrages, dans tous les lieux où circule le gibier – sangliers, chevreuils, cerfs au moment du brame.

Pour observer les oiseaux migrateurs, pas besoin d'un grand plan d'eau, il suffit de se promener en lisière de forêt. J'ai pour ma part observé à 50 mètres sans qu'elles me voient un groupe de cigognes qui venaient de se poser dans un champ pas plus grand que 2 000 ou 3 000 mètres carrés. Avant, j'étais persuadé que ces oiseaux, à l'envergure impressionnante, ne se posaient que la nuit. Ils se posent quand ils sont fatigués, épuisés, pour reprendre quelques forces : raison de plus pour ne pas les déranger. Dans la Nièvre, près de Donzy, j'ai vu deux sentinelles continuer à voler au-dessus du lieu de repos jusqu'à s'assurer qu'il ne présentait aucun danger. Alors, elles se posèrent à leur tour. Pas pour longtemps, car le moindre petit bruit les fait s'enfuir.
Les palombes migrent également par dizaines de milliers et cherchent de la tranquillité en se posant dans les arbres, et descendent dans les champs de maïs ou les chênaies pour se nourrir.

Si vous avez pour intention de créer un centre d'observation des migrations, renseignez-vous sur les oiseaux et sur les routes empruntées auprès de la LPO (Ligue pour la protection des oiseaux). Vous pouvez aussi faire de votre forêt un refuge LPO[13].

Marcher sur la cime des arbres

La plupart des personnes qui ne vont pas en forêt s'abstiennent parce que ne voir des arbres que le tronc sur 5 ou 10 mètres a un côté frustrant. Frustrant aussi de ne pas pouvoir découvrir le houppier, d'où les branches se dispersent comme un chandelier, et je les comprends. Frustrant de voir, dans des documentaires télévisés, ces scientifiques semblant confortablement installés entre la cime et le ciel, la canopée, nous faisant découvrir cet univers fantastique. Avant que des botanistes aient l'idée de flotter pour observer les essences forestières, connaître les insectes et les animaux qui y ont élu domicile, nous ne savions pas grand-chose de cette vie active qui se passe à tous les niveaux des arbres, du pied à l'ultime feuille.

13. Plus d'informations sur : www.lpo.fr/refuges-lpo

C'est sans doute par besoin d'agrandir nos connaissances qu'en Allemagne, à Bad Wildbad, une tour octogonale en bois et acier a été érigée au milieu d'un massif forestier jusqu'à culminer à plus de 38 mètres : le Baumwipfelpfad. Une passerelle tournant à l'intérieur, sans marches, permet de grimper en pente douce jusqu'à atteindre un belvédère offrant un panorama circulaire parsemé de lacs, de forêts et de villages. À chaque mètre monté, les promeneurs découvrent la structure des arbres, la faune, les dégâts causés par le vent, les nids au creux des branches ou dans des trous formés par le pourrissement d'une branche, le ciel à travers les feuilles, le mouvement des arbres oscillant à chaque souffle. Fixée solidement au sol, contrairement aux cabanes perchées qui suivent le basculement des arbres, la tour disparaît dans le paysage et seul le belvédère domine sans enlaidir. Une véritable tour Eiffel conçue pour apprendre et surtout faire rêver !

Son installation a naturellement coûté fort cher et ne peut être réalisée que dans un lieu assurant un nombre important de visiteurs, pouvant accueillir de nombreuses autres attractions botaniques et ludiques. Pour sa construction, les essences locales doivent être privilégiées et choisies parmi les plus durables, comme le cèdre pour la passerelle, le bois cassant ne convenant pas à la structure, le thuya ou le cyprès. Le bois lamellé-collé est sans doute le plus adapté, seul à pouvoir offrir de grandes longueurs.

Des projets un peu fous, mais d'un intérêt fantastique pour faire découvrir la forêt dans toute sa splendeur et nous inciter à la respecter. Qui, parmi vous, osera le lancer ? Avec un financement participatif ? La rentabilité n'est pas forcément au rendez-vous, le projet doit s'inscrire dans un autre contexte.

Un jardin botanique

Si vous avez la chance de posséder de nombreux arbres d'essences différentes, de celles que l'on appelle « précieuses », alors vous avez tous les ingrédients pour créer un jardin botanique. Cela prendra du temps, le temps qu'a pour elle une forêt, mais cela en vaudra la peine et c'est ce que vous pourrez transmettre de plus beau à votre famille et à votre région d'accueil.

Une fois répertoriés les arbres précieux, cèdres, genévriers, cyprès, pins parasol, pins Laricio, pins maritimes, chênes, dont vous trouverez la liste p. 106, il vous faudra faire votre choix entre ceux à conserver ou à enlever, c'est-à-dire créer une forêt jardinée, selon l'expression évocatrice.

En même temps, recherchez les jardins botaniques existants sous le même climat. Grâce à la composition du sol, vous déterminerez ce qui se développe le mieux ici pour supprimer ce qui deviendrait trop envahissant, et choisirez les essences remarquables à apporter. Il vous faudra créer des allées, étiqueter les arbres avec leur nom et entretenir le sous-bois.

Imaginez de beaux bouquets d'arbres précieux entourant une cascade apportant l'eau et la fraîcheur nécessaire, un escalier taillé dans le rocher pour dominer ce torrent. Votre petit paradis sera vite connu. Vous démarrerez une activité qui va vous dévorer un peu comme l'écriture d'un livre que des lecteurs pourront lire dans cent ans.

Autres activités pour une forêt attractive

Tourisme et histoire

Tout ce qui touche aux vieux métiers ou au travail industriel renvoie chacun d'entre nous à ses ancêtres et au besoin de savoir comment ils vivaient. Les visiteurs sont prêts à se déplacer de très loin pour voir de visu comment les tissus étaient fabriqués, le fil tissé, le blé transformé en farine, le lin travaillé. Les fermes qui ouvrent leurs portes aux touristes-consommateurs, comme en Aveyron les caves d'affinage pour le roquefort, ont un succès inouï. Consommer en ayant vu comment un produit est fabriqué change tout.

L'ONF fait visiter la forêt de Tronçais. Les jardins botaniques ainsi que les arboretums, comme celui de Balaine dans l'Allier, ont aussi leur succès (voir la liste p. 179). Le village de Couleuvre, dans l'Allier, est connu pour ses fameuses porcelaines, dont la matière première se trouve sous les chênes de Tronçais.

Quel sera le prochain centre forestier attractif de votre région, de votre pays ? Pourquoi pas le vôtre, si vous disposez des ressources nécessaires. Une seule ne sera pas suffisante pour attirer beaucoup de monde comme le ferait un château classé.

Dormir en forêt

Pourquoi partir en vacances à l'autre bout du monde alors que vous pouvez le faire en Lozère, dans le Limousin, au bord de la Méditerranée, dans les collines belges, les Alpes suisses, n'importe quel endroit où vous avez eu la bonne idée d'acheter un terrain au milieu des bois ? Je ne vous parle pas de créer un camping avec toutes les infrastructures obligatoires, mais simplement un coin où poser une tente sur un lit de feuilles et de mousses, non soumis à des normes. Du moment que la tente n'est pas installée toute l'année, vous pouvez vous installer chez vous pour vos vacances, vos week-ends. Une solution de vacances simple et peu onéreuse, et dépaysante à souhait !

Et puis tendre votre lit entre deux arbres, il n'y a rien de plus simple à faire, d'autant plus qu'un hamac ne tient que très peu de place dans un sac à dos. Cela vous permettra de vous laisser aller à parler avec vos compagnons au milieu du chuchotement des feuilles… et d'observer les écureuils qui sautent de branches en branches… Évitez toutefois de dormir sous un tilleul, car si cette essence est connue pour ses vertus apaisantes, les feuilles rejettent une substance mielleuse et collante qui s'accroche à vous comme à la carrosserie de votre voiture.

Pratiquer le naturisme

Jusqu'à aujourd'hui, vous n'aviez pas osé pratiquer le naturisme par pudeur ou fausse honte, mais, maintenant que vous avez une parcelle forestière planquée au milieu des bois, au bord d'un étang, essayez. Se baigner nu sans vêtements qui collent à la peau donne une sensation inégalée de liberté totale.

Évitez de poser des panneaux indiquant « Camp naturiste défense d'entrer », encore moins « Propriété privée défense d'entrer », c'est le moyen le plus sûr d'attirer du monde. Le mot « défense » attire inexorablement les promeneurs. Dès l'instant où vos installations sont éloignées de chemins ouverts à tous, comme ceux de randonnées pédestres ou VTT, ils deviennent introuvables. Pour vivre heureux, vivons cachés.

En Haute-Vienne, près de Ladignac-le-Long, existe un camp de naturisme au milieu des bois.

La forêt comme espace dédié à l'art

Et si vous conviiez des artistes et artisans à venir exercer leur art en forêt en organisant une petite fête champêtre ? L'un sculpterait des petits objets, un autre peindrait des scènes, un autre encore rechercherait les arbustes qui pourraient être utiles en vannerie, et notamment en vannerie sauvage (saule bien sûr – avec l'osier –, jonc, lierre, châtaignier, ronce…).

Dans presque tous les bois se trouvent des arbres secs de diamètres plus ou moins gros, morts à cause d'une année de sécheresse un peu trop intense, d'un froid destructeur, d'un coup de foudre ou tout simplement de vieillesse. Ces arbres sont très utiles pour fabriquer de belles planches, des poutres, mais qu'en faire lorsqu'ils sont isolés et ne peuvent être transportés ? Vous pouvez les abattre et avec une scie portable les débiter pour les besoins de votre aménagement forestier. Mais vous pourriez aussi les sculpter vous-même ou les faire sculpter par un artiste, ce qui créerait un nouveau lieu attractif. N'utilisez en aucun cas des arbres vivants.

Chapitre 3
Les productions naturelles

Produire pour se nourrir

Produire du miel

Installer des ruches parmi les essences que les abeilles apprécient particulièrement, par exemple l'acacia, est très judicieux. L'inconvénient, c'est que vous ne pourrez pas exploiter vos bois à cet endroit. C'est une question de choix, mais qui mérite réflexion.

Les ruches installées en pleine forêt, dans de vastes domaines, loin, très loin de toute source de pollution agricole, donnent aux abeilles la possibilité de s'épanouir, et la production de miel se révèle alors intéressante. Au prix de 10 000 € la tonne dans des conditions favorables, voilà une source de revenus non négligeables et qui demande moins de six mois de travail par an.

N'oubliez pas d'installer des ruches de biodiversité ou des ruches-troncs (en châtaignier !), qui ne seront pas exploitées mais permettront aux abeilles sauvages de retrouver un habitat. Les abeilles assurent la pollinisation de toutes les plantes à graines (angiospermes). Sans elles, nous n'aurions plus ni fruits ni légumes ! Elles sont indispensables à notre vie, nous devons les protéger, et leur offrir un havre de paix loin des pesticides[14].

L'élevage en forêt

Bien avant la pratique, devenue aujourd'hui courante, de la création de prairies et de la culture des herbes pour assurer l'alimentation hivernale des animaux domestiques, ceux-ci pâturaient en forêts en glanant ce qu'ils trouvaient, feuilles toxiques ou pas. C'est encore ce que font les chevreuils, les cerfs, les biches et autres animaux perchés sur de grandes pattes qui, en toute liberté,

14. Pour en savoir plus, consultez la revue de Bernard Bertrand : *Abeilles en liberté* (www.abeillesenliberte.fr), et le livre *Abeilles mellifères à l'état sauvage* de Vincent Albouy (Terran, 2019).

se délectent de préférence des jeunes pousses, des graines germées qui ne demandent qu'à s'épanouir, empêchant la forêt de se renouveler, de l'écorce, quand ils sont contrariés par tous les obstacles que les propriétaires mettent sur leur passage pour les dissuader de nuire aux arbres, et on les comprend.

L'élevage en forêt est incompatible avec la production de bons bois d'œuvre, et doit être réalisé dans les bois-taillis de faible valeur. À moins de se servir de ces pâturages de façon permanente, le nombre d'animaux doit être restreint pour ne pas mettre à mal les bois. C'est un choix. Un autre choix est de couper les branches feuillues comme fourrage, parce qu'à part les chèvres qui grimpent aux arbres, les animaux ne peuvent attraper que les feuilles les plus basses.

Si les animaux sauvages, cerfs, chevreuils, sangliers, circulent librement dans les forêts, alors pourquoi ne pas laisser paître des animaux domestiques ? En fait, le pâturage en forêt se pratique beaucoup plus souvent qu'on ne l'imagine. Dans les régions montagneuses des Pyrénées, des Alpes, il est courant car les moutons nettoient littéralement le sous-bois, l'enrichissent avec leur urine et leurs crottes, et ne labourent pas le terrain comme le font les vaches (ou les sangliers). Mettre des animaux en pâture ne peut se pratiquer dans n'importe quelles circonstances, il est même à exclure dans les plantations, ces petits animaux couverts d'un manteau de laine ne faisant guère la différence entre l'herbe et les jeunes pousses et ayant même la fâcheuse habitude de préférer ce qui est tendre à ce qui est dur et couvert d'épines.

Vous ne pouvez introduire des chèvres au milieu d'essences fragiles, peupliers, frênes, aulnes : elles ratiboisent tout sur leur passage, montent aux arbres quand cela en vaut la peine et seraient capables de laisser un champ de ruines derrière elles.

Si votre propriété est clôturée, ne laissant pas passer les loups ou les ours, vous allez intéresser de nombreux éleveurs. À moins que vous ne préfériez constituer votre petit troupeau et le laisser se promener selon ses envies dans le bois pour l'entretenir ou dans un but éducatif, pour apprendre aux enfants, et aux adultes, tout ce que ce petit animal nous apporte : lait, laine, peau et viande savoureuse.

L'agroforesterie doit être contrôlée. Pas question de laisser les animaux divaguer n'importe où, ni manger n'importe quelles essences. Les parties où ils ne doivent pas aller doivent être séparées par des fils électriques, très efficaces.

Moutons et chèvres vont littéralement nettoyer le terrain en l'en débarrassant des ronces, du noisetier (attention, pas en période de fructification), de l'ajonc et des aubépines. Chevaux et bovins vont se régaler des feuilles d'aulne, de charme, de tilleul et sauront croquer lorsqu'ils sont malades l'écorce du saule (qui contient de la salicine, composant de l'aspirine). Vous éviterez de les faire entrer dans un bois de chênes et de châtaigniers, de robiniers faux-acacia, de lauriers-sauces et de genêts. Sinon, un bon moyen de préserver les petits plants de jeunes arbres qui ne demandent qu'à grandir consiste à les entourer d'un treillage protecteur.

On n'a pas encore abordé l'élevage de cochons, qui en forêt se régaleront des glands, châtaignes et faînes. Ce sera donc bien dans les bois-taillis de chênes, châtaigniers ou hêtres que vous leur réserverez une belle place. Aucun abri n'est nécessaire pour les protéger, ils se débrouilleront très bien.

Un poulailler ou un clapier

Vous avez décidé de vivre de vos productions ? Alors, pourquoi ne pas élever des poules et des lapins, des canards et des oies ? Pour vous d'abord, peut-être aussi pour les vendre. Le problème qui se posera est celui de la protection de vos animaux contre tous les prédateurs, y compris les renards et les fouines. Pratiquement toutes les personnes qui ont créé un poulailler ont eu à subir le vol de leurs volailles, le renard étant le premier des chapardeurs. Le seul remède est d'investir dans une clôture très solide, enfouie dans la terre d'au moins 50 centimètres, de couvrir le tout et de fermer avec une porte infranchissable. C'est une dépense indispensable.

Un potager

Normalement une parcelle de forêt change de destination si vous arrachez les arbres et vous mettez à planter autre chose que ce qui s'y trouvait, même s'il s'agit de noyers ou d'arbres fruitiers. Mais si vous cultivez des légumes, sans défricher, sur les 400 mètres carrés où le muguet avait trouvé refuge, personne ne viendra vous en faire le reproche.

Tout est question de proportion : 400 mètres carrés par rapport à un hectare, soit 10 000 mètres carrés, c'est 4 % de la surface, ce n'est pas grand-chose ; par rapport à 2 hectares, cela devient insignifiant. Mais les animaux ne vont-ils pas tout grignoter ou saccager ? Pas plus que dans votre potager à côté de chez vous, à 20 mètres de votre maison, si vous ne le protégez pas des prédateurs avec un grillage tout autour, enterré pour éviter que les lapins de garenne s'aventurent. Vous allez pouvoir façonner vos piquets sur place.

Installer une réserve d'eau ne sera pas trop compliqué non plus : 3 ou 4 tonneaux posés dans un trou aménagé pour eux. Sur le pourtour, vous allez relever la terre puis étaler une bâche qui permettra à l'eau de pluie de ruisseler et de les remplir.

Vous pourriez aussi creuser le sol puis le couvrir d'une toile imperméable pour créer une mare.

Le top du top, c'est d'avoir un ruisseau qui traverse votre parcelle et pouvoir cultiver sur les deux rives. Vous recevrez en hiver un bon amendement grâce aux inondations inévitables.

Quand on cultive ses légumes, on produit plus de 70 % de son alimentation. Et on rentabilise sa parcelle de façon intelligente.

Vous pouvez aussi, pour votre propre consommation ou pour la vente, cultiver des herbes aromatiques, comme on l'a vu p. 67.

Celles qui ne se mangent pas

La litière

Les aiguilles de pins maritimes et sylvestres constituent d'excellentes litières ainsi que le genêt d'Espagne, les ajoncs et la fougère, sans danger pour les animaux puisque utilisables desséchées. De plus elles sont faciles à ramasser.

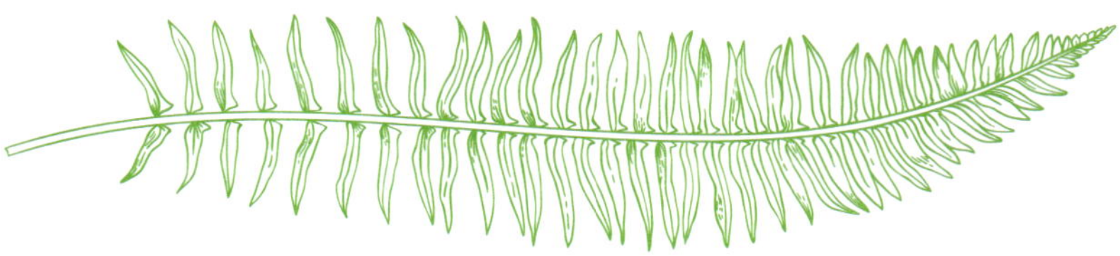

Les sciures

Dans votre forêt, les laisser sur place constitue un petit apport d'humus.

Elles serviront sinon pour les toilettes sèches. En effet, pour les cabanes dans les arbres, les gîtes, tous vos besoins d'habitat de vacances ou permanent, mieux vaut installer des toilettes sèches en plein bois : un trou profond surmonté d'un siège, l'ensemble protégé de cloisons en vieilles planches et d'une toiture. Après chaque utilisation, vous jetez une belle pelle de sciure. Prévoyez un bon stock dans chaque local et ne fermez pas la porte à clef de façon à laisser ces toilettes accessibles à tous les promeneurs. Laissez un mode d'emploi, car tout le monde ne sait pas comment cela fonctionne.

La sciure peut également servir pour la fumaison de poissons et viandes, les rendant délicieux. Toutes les essences forestières ne s'y prêtent pas : le pin sylvestre, le frêne sont excellents ; le chêne donne un goût très fort. Choisissez la sciure en fonction de ce que vous voulez obtenir.

Le bois raméal fragmenté ou BRF

De la même façon que vous fabriquez des copeaux, vous créez des BRF. Il s'agit de déchiqueter vos branches de bois vert de petit diamètre en copeaux que vous allez utiliser en tant qu'engrais sur place pour enrichir telle ou telle partie de votre parcelle ou pour le vendre, ou l'échanger, à des particuliers pour la même utilisation.

Le BRF, c'est donc du bois vert. Sur le principe, je ne suis pas très favorable à ce mode de transformation, car ce qui est vivant doit bénéficier à la forêt. De la même façon, la coupe régulière de branches pour le bois de chauffage ne doit se faire que sur les têtards existants. Le broyage des branches sèches vous permet aussi d'obtenir des copeaux pour le chauffage ou pour l'humus en les laissant sur place afin qu'ils se désagrègent.

Partie IV

L’ultime ressource : le bois

Eh oui, nous venons de consacrer plusieurs parties de ce livre à étudier toutes les ressources proposées par la forêt sans évoquer le bois en tant que tel. C'est l'idée de ce livre : la première ressource d'une forêt est le bois, mais c'est la dernière à exploiter. Tout son intérêt est de vous montrer que, si le bois est l'une des ressources, il y en a une multitude d'autres qui peuvent vous permettre d'exploiter au mieux votre forêt sans toucher, ou presque, aux arbres. Ainsi, lorsque vous aurez exploré méthodiquement toutes les possibilités que vous offre ce livre sans avoir rien trouvé d'applicable dans votre forêt, il ne vous restera plus qu'à couper vos arbres selon les méthodes classiques et à le faire de façon non agressive pour les animaux et pour les arbres qui ont un potentiel. Il s'agira que votre taillis simple devienne un taillis sous futaie et enfin une futaie, le *must* du *must*, à moins que vous ne préfériez laisser vos arbres continuer à pousser pour atteindre dans quelques dizaines d'années ce qui ressemblera à une forêt primaire. Cependant, tous les peuplements n'ont pas cette vocation : les taillis de chênes noirs, de châtaigniers poussant sur les causses n'y parviendront pas, il leur faut un bon terreau, de la terre généreuse. Je rappelle en effet que le sujet n'est pas les plantations d'arbres, qui répondent à des critères de sylviculture précis, mais les taillis simples, qui ne répondent pas aux méthodes de culture intensive. La coupe d'arbres n'est pas inéluctable.

Je ne suis pas du tout opposé à l'exploitation forestière, mettons bien les points sur les *i*, même si elle peut être reportée le plus tard possible, l'idéal étant, par exemple pour les chênes de Tronçais, de les exploiter à 300 ou 400 ans. Mais notre époque est au respect de plus en plus grand de la nature, et j'ai préféré me pencher sur tous les moyens de ne pas toucher à ces arbres auxquels nous sommes tous très attachés. Et si un arbre d'âge vénérable commence à s'altérer, faudra-t-il l'abattre ou le laisser dépérir sur pied ? Ce sera votre choix. Dans les bois-taillis que vous possédez ou que vous allez acheter, vous trouverez des arbres exploitables à un moment donné : chênes, frênes, hêtres, châtaigniers… Rien ne vous interdira de les couper pour en tirer un revenu. Mais il s'agit de le faire dans le respect, grâce à une gestion saine qui ne mettra pas en danger les autres sources de revenus qui pourraient exister sur votre parcelle. J'insiste par exemple sur l'importance de ne pas couper un arbre dans lequel niche un essaim d'abeilles, une colonie d'écureuils. Ce n'est pas l'état d'esprit de ce livre.

Et puis, à l'ère de l'économie numérique qui nous envahit et semble prendre le dessus sur notre vie tant professionnelle que personnelle, rappelons-nous qu'une économie empirique existe depuis que le monde est monde et qu'elle a encore de beaux jours devant elle.

Exploiter doit devenir l'ultime option lorsque toutes les autres pistes ont été explorées et, croyez-moi, si vous le faites consciencieusement, vous n'en aurez pas besoin. Ainsi, n'abordez cette partie qu'après avoir éliminé toutes les autres options.

Toutes les essences forestières ne sont pas identiques : les feuillus perdent leurs feuilles, les conifères gardent leurs aiguilles ; il existe des bois tendres ou très durs, arbustifs ou gigantesques. Ces essences n'ont pas non plus les mêmes utilisations, certaines ont des fruits comestibles, d'autres ne servent qu'à faire du papier. Les livres forestiers sont davantage tournés vers les arbres commerciaux et leurs caractéristiques techniques. Pour ma part, je vois les arbres sous une autre facette et ai tiré de mes recherches une classification qui tient compte de leurs aspects moins connus.

La forêt, pépinière de start-up

Tous ceux qui pratiquent régulièrement la randonnée pédestre ou une simple promenade vous le diront, la traversée d'une forêt est propice à un foisonnement d'idées auquel l'air pur, le calme, le chant des oiseaux, le crissement du vent sur les branches et les feuilles vous entraînent. Alors, pourquoi ne pas installer en forêt une pépinière d'entreprises non pas réservées aux métiers du bois – il en existe sur l'étude technique du matériau bois –, mais désirant étudier toutes les possibilités que nous offre cette matière pour des applications dans la recherche scientifique et médicale… En Europe, la ressource liée aux composants des arbres n'est, d'après moi, pas assez explorée.

Amusez-vous à réaliser la petite expérience suivante : reprenez le sommaire point par point, et pour chacun demandez-vous s'il pourrait donner lieu à la création d'une start-up. Un observatoire de la faune et des oiseaux, l'étude des arbres remarquables, leur croissance, les raisons de leur comportement, les traces des troubles liés aux bouleversements climatiques, la création d'un jardin botanique, l'archéologie liée aux arbres fossilisés, l'élaboration de tissus en fibres de bois, la plastique des arbres pour créer des meubles bruts de décoffrage, élaborés *in situ* : autant d'idées créatives que votre passion pourrait faire naître.

Chapitre 1
Les fonctions des arbres

Après de nombreuses années passées à parcourir des forêts, étudier le bois, discuter avec des experts en la matière, je me suis appuyé sur ma propre expérience pour envisager les arbres d'une façon nouvelle et les classer selon leur composition : l'écorce, l'aubier, le duramen, les feuilles et les aiguilles, les graines et les fruits, et bien sûr les racines. Autant de composants dont les herboristes savent tirer la substantifique moelle.

Les essences forestières ont, en dehors de leur utilisation en tant que matériau, des fonctions différentes selon des critères qui ont un impact direct sur nous-mêmes, notre organisme ou notre bien-être. Les arbres ont des vertus pour soigner, cicatriser, enlever les poux de la tête de vos enfants. Ils nous protègent : ils repoussent les insectes, tuent les rats et souris. Notre nourriture en dépend. Sous des doigts artistes, ils se transforment en instruments de musique, ils donnent la lumière et nous tiennent bien au chaud.

J'ai répertorié, selon des critères tout à fait personnels, treize fonctions. Au lieu de vous contenter de vendre vos bois et ainsi être en concurrence directe avec des milliers d'autres propriétaires forestiers, vous allez pouvoir tirer parti de chacune de ces fonctions. Cette classification inédite vous est proposée ci-après.

Les arbres nourriciers

Tous les arbres et arbustes fruitiers ne peuvent être cités ici, la liste serait forcément incomplète. Les plus courants d'entre eux figurent ici en bonne place. Par précaution, ne cueillez jamais le fruit d'un arbre dont vous ne connaissez ni le nom ni les propriétés, qui peuvent être dangereuses.

Par leurs fruits

Vous pensez à l'arbre à pain ! Le nom de son fruit n'est pas lié à son goût mais à sa taille. En effet le plus gros fruit du monde, africain, jusqu'à 30 centimètres de diamètre, peut nourrir un grand nombre de personnes (un peu comme l'œuf d'autruche). La châtaigne, elle, était l'équivalent de la pomme de terre avant que M. Parmentier ne s'en mêle ! Elle nous offre les meilleures crèmes et fruits confits. Sa farine entre dans la confection de pains et pâtisseries. Et je n'ai vraiment pas besoin de vous décrire toutes les qualités gustatives de la pomme, ni de vous citer tous les autres arbres qui donnent des fruits bien juteux et que vous connaissez bien.

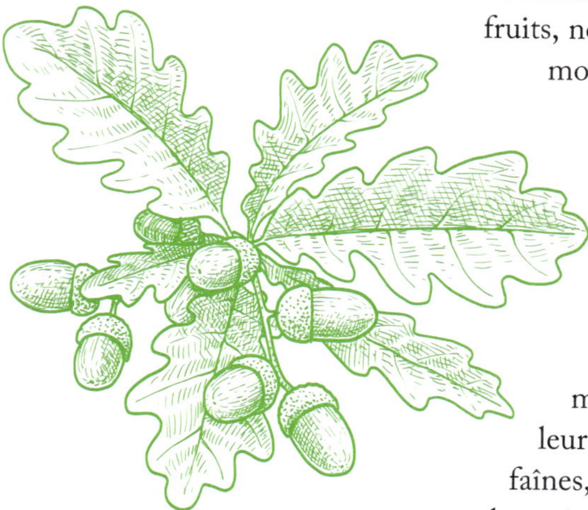

Les animaux peuvent aussi se nourrir des fruits, notamment les porcs – et croyez-moi, ce qui est bon pour eux ne peut pas être mauvais pour nous. Les glands, fruits des chênes, sont très recherchés par les Espagnols pour le serrano, célèbre et inimitable jambon cru, ou par les Basques pour le jambon de Bayonne. Les meilleurs terroirs leur doivent leurs saveurs. Les hêtres, avec leurs faînes, nourrissent aussi d'autres cochons à la viande tout aussi savoureuse. Leurs graines sont comestibles.

Certains fruits (amande, noix, noisette, olive) sont transformés en l'huile pour la table ou la cosmétique.

De l'amandier on tire une boisson, le lait d'amande, obtenu par broyage du fruit puis macération dans de l'eau… ça a la couleur du lait mais cela n'en est pas. Le lait de pignon de pin existe aussi, comme celui de noisette.

Avec les glands du chêne torréfiés vous aurez un café qui n'aura pas traversé les océans. De nombreuses personnes qui prônent de consommer local – nous en faisons partie – vont prendre au café le plus proche un petit noir qui ne vient vraiment pas d'à côté. Mieux vaut être cohérent et aller jusqu'au bout de sa démarche. C'est ce que je vous propose de faire dès maintenant : supprimez votre café et remplacez-le par des glands de chêne (ou de hêtre), comme avant l'arrivée de ce café qui a révolutionné notre mode de vie et chamboulé nos coutumes. Chiche, mettons nos actions en conformité avec nos paroles – mais si cela avait le même goût, ça se saurait… Allez en ramasser sur les chemins ou dans les bois, sans entrer dans des propriétés ni des champs, enlevez leur enveloppe protectrice, écartez les glands abîmés pour nourrir les animaux et faites torréfier les autres dans un four, sans les brûler, en les remuant régulièrement. Puis réduisez-les en poudre et passez-la comme vous le feriez pour le café. Vous êtes de plus prêt pour réaliser un pain, un gâteau ou un pâté en croûte.

Consommer local ?

Nous entendons à longueur de journée, à la télévision, à la radio ou plus près de nous dire qu'il faut acheter local, éviter de consommer des fruits venant de l'autre bout de la planète, nous sommes d'accord, mais aussi de l'autre bout de l'Europe, de l'Espagne et du Portugal par exemple. Là, nous sommes un peu moins d'accord, car nous voulons aussi qu'ils achètent nos produits. Et puis acheter 100 % local, ce serait condamner certains pays à ne rien exporter, c'est un peu égoïste tout compte fait… et comment se procurer des bananes et des fruits exotiques ?

Par leur sève

De la sève, rien que de la sève pure : l'érable sucrier, du Canada, produit un sirop que vous utiliserez en confiserie ou en pâtisserie en remplacement des sucres habituels. En boisson, il faut l'utiliser dans l'eau, comme les autres sirops, à l'état brut il ne serait pas vraiment désaltérant… La sève de bouleau, dont on a parlé précédemment, est bue pure. Les Scandinaves fabriquent une boisson alcoolisée à partir de cette sève riche en sucre.

Les arbres guérisseurs

Toujours plébiscitée malgré la raréfaction des herboristeries, notre pharmacopée, abondante, est issue de découvertes très anciennes : ainsi le hêtre et ses propriétés antiseptiques, le saule blanc dont a été issue l'aspirine il y a un peu plus d'un siècle, ou beaucoup plus récemment l'if pour lutter contre le cancer.

Sans doute d'autres découvertes seront réalisées avec les arbres d'Europe et du bassin méditerranéen. Peut-être même que l'un d'entre vous y contribuera en observant tout simplement le comportement des animaux ou votre environnement : si votre animal lèche une écorce, recherchez de quel mal il peut être atteint, prélevez-en un morceau, photographiez-la et gardez cela à l'esprit.

Les arbres mentionnés ci-après doivent être conservés et bien soignés pour leurs propriétés médicinales et bien d'autres. Il n'existe pas moins de dix-huit essences reconnues scientifiquement pour ces propriétés médicinales.

L'aubépine ou épine blanche

C'est un arbre phare de la phytothérapie française. Les fleurs sont séchées, utilisées en infusion et constituent un excellent remède contre l'hypertension ; elles ont une action tonicardiaque, diminuent la vitesse des pulsations du cœur et réduisent les palpitations. Fleurs, feuilles et fruits ont les mêmes propriétés et sont utilisés en tisane. Les baies soignent les diarrhées et les problèmes de digestion.

Le bigaradier

L'arbre à tout faire ! Regardez plutôt…
En parfumerie, par distillation des feuilles, on extrait l'essence de petit grain bigarade ; des pétales de fleurs l'essence de néroli ; du zeste du fruit d'orange amère. En pharmacopée, l'écorce du fruit stimule l'appétit et facilite la digestion (elle entre comme ingrédient de base dans la fabrication du curaçao). L'eau de fleur de bigaradier sert à parfumer certains mets, et diffuse des effets calmants.

Le bouleau

L'huile essentielle des feuilles a des propriétés antiseptiques et cicatrisantes, et soigne les affections cutanées.

Les chênes rouvre et pédonculé

Ces deux espèces sont connues pour leur propriété gustative en tonnellerie ; sans elles, aucun vin ni alcool ne pourrait vieillir en se bonifiant. Mais le tanin aurait aussi une influence thérapeutique et agirait sur les tumeurs, les ulcères et l'hypoglycémie. À condition bien entendu d'en user avec modération ! La décoction de bourgeons aide à lutter contre la fatigue.

L'eucalyptus

Des feuilles distillées on obtient l'essence d'eucalyptus. Son eucalyptol lui confère des propriétés antiseptiques utilisées pour les voies respiratoires sous forme d'inhalation, d'infusion ou de pâte.

Le frêne

La décoction d'écorce peut traiter l'hypertension artérielle et la fièvre. Elle donne aussi du tonus. Comme antidote aux serpents, utilisez les feuilles écrasées. Avec le suc ainsi produit, on peut traiter les rhumatismes, la goutte ; on l'emploie aussi comme purgatif.

Le grenadier

Les écorces de la racine et de la tige, une fois macérées et bouillies, sont utilisées comme vermifuge, particulièrement celui du tænia. La décoction d'écorce de fruit traite les amibes. Les fleurs du grenadier sont astringentes. L'arbre abonde sur tout le pourtour méditerranéen et en particulier en Espagne.

Le hêtre

Chaque partie d'un arbre, selon les espèces, peut avoir une utilisation : l'écorce, la feuille, la sève, la suie. Le goudron de hêtre est un puissant antiseptique des voies respiratoires utilisé autrefois pour soigner la tuberculose. Son composant, la créosote, entre dans la composition de médicaments soignant les affections pulmonaires. Les bourgeons de hêtre ont un pouvoir drainant sur les reins et jouent un rôle régénérant et dynamisant[15].

L'if

C'est un arbre relativement rare et l'un des plus chers en Europe, recherché pour l'ébénisterie, le placage et le tournage. Ses feuilles, ses graines et son écorce sont toxiques, et c'est pour cette raison que l'on n'en trouve plus dans les haies, pour protéger les animaux qui dévoraient le feuillage. La molécule isolée à partir du feuillage est un composé particulièrement actif contre le cancer du sein. Il est extrait des plantations d'ifs, qui sont le seul moyen pour les laboratoires d'assurer leur approvisionnement. Si vous trouvez une parcelle avec une belle quantité de ces arbres, n'hésitez pas entrer en contact avec un labo pour lui proposer l'organisation d'une production.

Le laurier-cerise

Son eau distillée possède des propriétés antispasmodiques et sédatives, utiles pour traiter les toux nerveuses et les spasmes respiratoires ou circulatoires. À employer modérément à cause de sa contenance en acide cyanhydrique.

15. Sandrine Trouvelot, *Géo* hors-série septembre/octobre 2019.

Le laurier-rose

Puissant poison pour les hommes et les animaux, les feuilles réduites en poudre, en décoction ou en usage externe sont tout aussi dangereuses pour les poux et la gale. Elles sont prescrites également pour traiter le cuir chevelu. Et les ulcères. Mais en aucun cas ne cherchez à créer un produit en le testant sur vous. Le laurier-rose est mortel. Vraiment. On déplore chaque année, le long du littoral méditerranéen, des morts subites dues à l'utilisation du bois comme combustible pour les brochettes, viandes ou poissons cuits au barbecue. Vous êtes maintenant prévenus.

Le marronnier

Son fruit ne doit pas être confondu avec celui du châtaignier, la châtaigne, quand elle est sauvage. Il n'est pas comestible mais en décoction, comme les feuilles et l'écorce, il soulage les troubles généraux de la circulation sanguine ; il est aussi un vasoconstricteur et apaise les aphtes et plaies dans la bouche. Le marronnier est, en pharmacopée, l'arbre aux propriétés médicinales par excellence.

Le pin sylvestre

Ce résineux possède des propriétés différentes des autres car en plus des vertus qui nous permettent d'améliorer notre respiration, la décoction de bourgeons aide à lutter contre la fatigue.

Le pommier

Ne cherchez plus : le mot « pommade » prend son origine ici. Après avoir enlevé les pépins, la pulpe servait de cataplasme pour soulager les furoncles, les gerçures des lèvres et les hémorroïdes. Cette « pommade » est prescrite en médecine pour l'artériosclérose, l'asthme, la diarrhée, les fièvres et l'hypertension.

Le robinier faux-acacia

Ah les beignets de fleurs d'acacia, quelle merveille ! Mais, pour ce qui nous concerne ici, en infusion, ses fleurs sont calmantes, antispasmodiques et traitent l'indigestion et la colique.

Le saule blanc

Cet arbre est très présent le long des cours d'eau. C'est à partir de son écorce que fut isolée, par M. Leroux, une substance nommée « salicine » qui donna l'acide salicylique employé pour le traitement des rhumatismes. Par la suite, un Allemand, M. Hoffmann, obtint un dérivé de cet acide, l'acide acétylsalicylique, connu sous le nom d'« aspirine ». Mais cette écorce était connue depuis l'Antiquité comme remède contre la fièvre. Elle est aujourd'hui vendue dans certaines herboristeries, ce qui permet d'approvisionner une clientèle refusant obstinément l'aspirine produite par les laboratoires.

Le sureau noir

Le rob de sureau est un extrait de suc du fruit obtenu par évaporation des fruits pressés afin d'obtenir une consistance liquoreuse. Il est purgatif, sudorifique. Les fleurs séchées et bouillies soignent les angines de poitrine, les inflammations de la peau et les érythèmes.

Le tilleul

Ici c'est l'aubier, la partie sous écorce qui progressivement va se transformer en bois, qui est utilisé en phytothérapie. Ses coumarines stimulent la vésicule biliaire, facilitent l'élimination de la bile et soulagent les migraines hépatiques. Qui n'a pris un jour une infusion de fleurs de tilleul ? Effet calmant immédiat, sudorifique et antispasmodique. Ses fleurs auraient des propriétés euphorisantes.

Les arbres parfumeurs

Après les arbres guérisseurs, voici une nouvelle série d'arbres tout aussi inouïs. Les essences de bois qui dégagent de sublimes senteurs sont connues depuis des temps immémoriaux. Elles suscitent un engouement commercial de plus en plus important. Autrefois, on s'aspergeait de parfums pour cacher les odeurs que l'on traînait avec soi. Aujourd'hui, les raisons de l'engouement sont différentes, mais se faire plaisir et plaire restent présents. Feuille, écorce, aubier, sève, fleur, qui se retrouvent dans la composition de nombreux parfums, ont plus d'un tour dans leur sac, possèdent de multiples vertus et offrent une grande diversité de possibilités d'étude.

Commencez peut-être à éduquer votre nez avec les cèdres : les cèdres de l'Atlas, du Liban, de l'Himalaya, de Virginie, le cèdre blanc, ont chacun une odeur bien spécifique. Continuez avec le cyprès, le genévrier, les pins et le pin sylvestre, le sapin, le bouleau, le magnolia, le laurier d'Apollon, le ciste, le tilleul, l'oranger doux, le bigaradier, le bergamotier, le mandarinier, le cédratier, le citronnier, le citronnier vert, le pomélo, le mimosa, le robinier faux-acacia, l'abricotier, le laurier-cerise, le cerisier tardif, l'eucalyptus, le lilas, l'osmanthe odorant.

De tous ces arbres, que pouvons-nous tirer ? Essentiellement des essences par distillation, pour la réalisation de parfums, ou comme condiments pour certains d'entre eux. Pratiquement tout ce qui a une odeur peut être distillé. La distillation utilise l'eau pour chauffer la matière végétale, bois, fleurs, feuilles, et provoquer l'évaporation de l'huile essentielle.

On obtient un goudron très odorant à partir du bois et de l'écorce de bouleau, utilisé pour l'entretien des bottes en cuir.

Les arbres insecticides d'Europe

On trouve des cèdres enfouis depuis des centaines d'années, qui ont certes perdu leur aubier mais sont dans un état de conservation remarquable, nullement attaqués par des insectes et ayant conservé leur odeur. Ils ont une spécificité : ils ont été protégés contre toute attaque xylophage.

Le point commun chez tous ces arbres conservés est leur huile essentielle, différente pour chacun d'eux, mais qui les a défendus. Et si elle les protège, elle peut bien nous protéger aussi.

Sont-ils pour autant invulnérables ? Oui, lorsqu'ils sont coupés et n'ont plus de sève. Ils restent un peu vulnérables lorsqu'ils sont vivants, car certains insectes peuvent s'en prendre à leurs aiguilles ou leur bois en pénétrant par une branche morte.

Quels sont ces arbres si prisés depuis le début des temps ? Les résineux principalement, gorgés d'huile essentielle. Celle-ci assure leur protection contre la pourriture et l'attaque des insectes xylophages lorsqu'ils sont sciés. L'inévitable cèdre, le cyprès, le thuya et le genévrier sont quatre arbres aux propriétés antimites bien connues. Savez-vous que si vous voulez chasser les moustiques de votre maison, un grand cèdre, cyprès ou thuya à proximité de vos fenêtres fera largement l'affaire ? Et en plus vous dormirez mieux !

Les arbres destructeurs

Le laurier-rose

L'écorce et le bois du laurier-rose réduits à l'état de poudre sont utilisés pour tuer les rats et largement employés en Provence. Les feuilles, également réduites en poudre, entrent dans la composition des lotions contre les poux. Mais, comme nous l'avons vu précédemment, des précautions d'emploi doivent être prises car cette poudre est extrêmement dangereuse pour l'homme si elle est ingurgitée par mégarde. Les enfants doivent aussi éviter de jouer avec les feuilles de ces arbres, que l'on trouve pourtant souvent dans les jardins publics.

L'if

Les aiguilles et l'écorce de l'if sont des poisons contre lesquels il n'existe aucun antidote.

Les arbres utiles à l'industrie

Par incision dans l'écorce, on extrait la gemme du pin maritime, qui est encore utilisée dans la fabrication de produits pour la droguerie, comme la térébenthine. Une entreprise landaise a déposé un brevet sur une méthode de récolte de cette résine et lui redonne une nouvelle vie en cosmétique.

L'essence de pin est extraite par distillation à la vapeur des copeaux ou des plaquettes de bois provenant des meilleures parties du bois : la souche, le bois de cœur et les racines. L'essence d'aiguilles de pin, de différents pins, est extraite au benzène ou à l'éther de pétrole. Elle est utilisée dans les savons, les parfums d'ambiance et les eaux de toilette, déodorants, produits ménagers.

Les aiguilles du pin sylvestre et du sapin sont ramassées après abattage de l'arbre. Distillées à la vapeur, elles donnent une huile à l'odeur balsamique, très agréable, de forêt et de résine, employée de la même façon que celle des pins.

Deux bois disparus et en voie de disparition

L'orme a été détruit en France par un champignon transmis par un insecte, le scolyte de l'orme, mais il existe des stocks de son bois chez les anciens maçons, menuisiers et charpentiers, et dans les plus vieilles scieries, qui regorgent d'essences de bois fruitiers et autres.

L'if fait partie des arbres en cours de disparition. C'est l'arbre le plus cher d'Europe, car son bois est l'équivalent du bois d'ébène du point de vue de ses qualités technologiques. Il se teint. En noir, bien entendu.

Les arbres tinctoriaux

Le noyer, dont nous connaissons le fruit excellent, est entouré d'une écale verte qui produit, par décomposition et broyage, le brou, teinture noire indélébile. Autrefois, on produisait l'encre d'imprimerie à partir de la suie de bouleau. L'écorce des chênes et des châtaigniers contient du tanin, lui aussi employé en teinturerie.

La galle du chêne ou noix de chêne

Un nom pareil ne donne pas envie d'y toucher. Elle est pourtant bien mignonne avec sa boule parfaite, sa queue grâce à laquelle elle est suspendue à la branche et sa légèreté qui en ferait une belle décoration pour un sapin de Noël. Elle a beau ressembler à une grosse prune, elle n'est pas du tout comestible, carrément toxique. Quand on la voit pendre dans l'arbre, aucun risque de la confondre avec un gland ni avec une noix, ce nom lui ayant été donné parce qu'elle a la forme du fruit du noyer. Il ne s'agit pas de fruits déformés par une quelconque maladie, mais du résultat de la ponte d'une mouche, l'œuf se transformant en une boule vide, non comestible.

En été, cette mouche, *Cynips quercusfolii,* pond sur une branche. Chaque 24 décembre, attention pas le 23 ou le 25, partout dans le monde, elle vient contaminer les chênes, ainsi que les églantiers, puis s'en va sans s'attarder. Cette date fixe est la première particularité. La seconde étrangeté c'est que cette petite boule, d'une légèreté surprenante, une fois broyée, réduite en poudre et cuite, va devenir une teinture, une encre utilisée par les artistes peintres depuis des siècles. Comme l'homme a une imagination débordante, il a fini par en extraire la substantifique moelle. Comment cette découverte a eu lieu ? Comme toujours, en cueillant dans la nature des choses étranges et en essayant mille fois des mélanges avec d'autres plantes jusqu'à trouver une matière sublime. Le hasard peut faire toute la différence, mais c'est d'abord un énorme travail qui permet à une recherche d'aboutir. En fonction des concentrés que vous allez utiliser, vous obtiendrez toutes sortes de couleurs. Faites des essais… Attention cependant aux réactions chimiques que cela peut engendrer. Commencez à petites doses.

Les arbres musiciens

On distingue parmi les arbres musiciens ceux dont le bois sert à fabriquer des instruments de musique, comme l'érable ondé, le buis, l'if, l'épicéa, ou qui sont des instruments par eux-mêmes, comme le bambou, et ceux qui transmettent des sons lorsque le vent souffle à travers leurs branches et fait bruisser les feuilles.

Les arbres particulièrement pourvoyeurs de vitamines

Presque tous les fruits apportent leur lot de vitamines, mais quelques arbustes ont concentré la dose.

L'églantier

Le cynorhodon, fruit de l'églantier, une fois mâché, pépins compris, redonne des forces à celui qui a du mal à aller au bout de sa journée ou à ceux qui randonnent. Seuls les fruits devenus noirs après les premières gelées sont consommables. Ils contiennent des vitamines C, B, et de la provitamine A.

Le figuier

Tombant de l'arbre ou séchée, la figue est gorgée de vitamines A, B1, B2, B3 et C, de minéraux et d'oligoéléments. Très nutritive, elle agit comme un véritable coupe-faim. Le figuier doit faire partie de votre jardin, à disposer contre un mur ou dans un angle.

Les arbres précieux

Citons le buis, le houx, le filaire (ou *Phyllirea*), le cornouiller mâle, l'if, le micocoulier, l'érable, le frêne à fleur, la bruyère arborescente, l'arbousier, l'épine-vinette, l'alaterne, le cytise, l'orme, le mûrier blanc, le mûrier noir, le gainier (ou arbre de Judée), l'aubépine, la ronce, le néflier, le noyer, le caroubier, le cognassier, l'olivier, l'abricotier, le citronnier, le limonier, le figuier, le merisier, le cerisier de Sainte-Lucie, le prunellier (ou épine noire), l'amandier, l'alisier torminal, l'alisier blanc, le cormier, le sorbier des oiseleurs, l'alisier de Fontainebleau, l'alisier de Mougeot, l'alisier faux-néflier, le poirier commun, le pommier, le robinier faux-acacia.

Ces arbustes se trouvent généralement en petite quantité dans les forêts et bois-taillis, et leur exploitation se heurte au petit volume de bois à proposer aux transformateurs, tourneurs ou fabricants d'instruments de musique par exemple.

Voici six critères que l'on peut retenir qui font de l'arbre un arbre précieux : la dureté du bois, la rareté, l'existence de parties particulièrement intéressantes, le fait qu'il nous protège, nous parfume et nous guérisse.

La dureté du bois

En fait, tout est dans les cernes. Les cernes, ce sont les cercles concentriques qui correspondent à l'âge de l'arbre et que l'on découvre sur la souche, au moment de la coupe ou bien longtemps après. La séparation entre deux cernes représente l'accroissement en diamètre de l'arbre : on les appelle donc « cernes d'accroissement ». Cet écartement dépend des conditions météorologiques d'une année et de l'emplacement géographique. Plus l'écartement entre deux cernes est large, plus l'arbre a pris de l'épaisseur. À l'inverse, plus cet écartement est étroit, moins il a grandi.

Cela est valable pour tous les arbres, quels qu'ils soient, sur tous les continents et sous tous les climats. La grande majorité des arbres ont un accroissement plus ou moins important selon leur espèce et leur situation géographique. Une minorité voient l'écartement annuel entre leurs cernes subir une sensibilisation beaucoup plus faible à ces changements climatiques : ce sont les arbres précieux.

Car l'importance annuelle de cet accroissement rend le duramen, c'est-à-dire la partie intérieure de l'arbre, beaucoup plus tendre. Le cèdre par exemple a un accroissement qui peut varier de 10 à 25 millimètres par an, alors que celui de l'if va varier autour du millimètre.

La dureté du bois est donc le premier critère qui rend l'arbre précieux, son travail beaucoup plus difficile, sa résistance aux insectes beaucoup plus forte. Plus un arbre pousse lentement, plus grande sera la qualité de son bois.

La rareté

Parmi les autres critères qui font de l'arbre un arbre précieux, il y a la rareté de l'essence, du fait de sa surexploitation pendant l'ère industrielle. Pour répondre aux besoins des forges, des centaines de milliers d'hectares sont partis en fumée tous arbres confondus, ne laissant aucune chance aux bois précieux pris dans le lot sans distinction.

Si votre parcelle dispose de nombreux précieux tels que des alisiers, cormiers, frênes, sorbiers, érables, transformez-la en jardin botanique. Un simple nettoyage des arbustes inutiles, moches et mal formés, en prenant soin de garder quelques noisetiers, d'aménager des chemins pour que les visiteurs ne se promènent pas n'importe où, voilà un beau programme. Laissez-les grandir.

Des parties particulièrement intéressantes

Issues d'anomalies dites « végétales », ces parties de bois – dont on ne connaîtra la beauté intérieure qu'à leur ouverture par tranchage, sciage fin, sciage au bois montant – constituent le *must* du bois. Un classement à part leur donne une place de choix dans les bois précieux.

Les bois figurés ont des parties aux fils enchevêtrés qui produisent selon la localisation :

- Des loupes : Ce sont des tumeurs ligneuses isolées, de forme globuleuse et à surface lisse, qui se forment sur la tige et sont formées de tissus à fibres enchevêtrées et tourmentées.
- Des broussins : Ce sont des excroissances de forme irrégulière, à surface hérissée d'aspérités ; c'est l'agglomération de nombreux bourgeons qui ne se développent pas et se soudent ; il se produit alors une formation de bois ronceux.
- Des fourches : Elles ont aussi cette particularité d'emmêler leurs fibres sans que cela donne systématiquement une structure de toute beauté.

Ces trois bois figurés sont très recherchés en ébénisterie, en placage et tranchage, où ils pourront donner le meilleur d'eux-mêmes :

- L'érable ondé : Les cernes sont particulièrement minces et réguliers, et donnent un aspect onduleux au bois. Cette partie de bois est alors appelée « bois de résonance », car elle va servir à la fabrication de violons et autres instruments de musique à cordes.
- Le frêne olivier : Il s'agit d'une partie du bois de frêne qui prend l'aspect de celui de l'olivier. Il devient alors très lourd et excessivement dur et difficile à travailler. Ce phénomène est assez rare. On transforme ce bois en table ou marqueterie, ou encore en produits d'ébénisterie.
- Les bois de marine : Ce ne sont pas des arbres mais des parties courbes du chêne, du frêne, utilisées pour la réalisation de parties requérant une répartition égale des tensions et des forces dans la construction navale.

Les arbres matériaux de construction

Le bois est le matériau incontournable dans des multitudes de domaines. Il sert pour la conception des ustensiles de cuisine (couverts à salade), les plans de travail et la découpe (hêtre et olivier par exemple). Il est très utilisé en construction navale et bien ailleurs. Ses emplois sont quasi infinis. Mais intéressons-nous ici au bois comme matériau dans la construction des maisons, pour les charpentes, les planchers, avec le chêne, le hêtre, le frêne, le châtaignier, le marronnier, le cèdre. Quel que soit le type de construction, en pierre ou en rondins, il sera toujours là.

Pour une installation en urgence, construire sa yourte

Considérons – c'est souvent le cas – que la forêt récemment acquise ne possède aucune demeure, ce qui vous contraint à de nombreux allers-retours fastidieux. C'est le moment de vous installer pour gérer votre forêt au mieux. Construire une yourte est la solution, car vous pourrez vous installer dans les premiers jours après l'achat.

Faciles à monter, les yourtes sont vendues en kit. L'installation est rapide et à la portée de n'importe qui, même n'ayant aucun sens du bricolage. D'un prix très abordable, la yourte est l'habitation la moins chère. Vous pouvez commencer par une en toile que vous pourrez louer lorsque vous serez en mesure d'en construire une plus solide, en bois, qui a tout d'une résidence principale.

Le lieu d'implantation en milieu forestier doit être réfléchi, en tout cas loin d'une possibilité de chute d'arbres ou de branches.

Construire en acacia

Construire sa maison est le genre de chose que l'on n'effectue qu'une seule fois dans sa vie. Et quoi de plus fantastique que de le faire au milieu des bois, en rondins d'acacia ?

Le bois d'acacia est un bon bois imputrescible, d'une belle couleur jaune, utilisé en ébénisterie marine pour réaliser les ponts de bateaux. Ce n'est « qu'un » semi-précieux parce qu'il est très répandu en Europe, mais ses propriétés physiques lui permettent de rivaliser avec le teck. Justement, parlons-en du teck !

Le robinier faux-acacia se trouve peut-être sur votre propriété, mais le teck arrive d'Asie, à des milliers de kilomètres, pour les terrasses pour piscines, les meubles d'extérieur, les lames de parquets, en traversant les océans par centaines de conteneurs. Empreinte carbone garantie !

Maintenant que vous le savez, j'espère que vous allez oublier cette essence forestière, exploitée en dépit du bon sens par des bûcherons mal traités, débardée par des éléphants qui n'en peuvent plus, souvent mutilés par leurs propriétaires pour aller toujours plus vite. Bien sûr chacun a besoin de vivre, mais utilisez plutôt les essences forestières qui sont sur votre terrain, pour vous-même ou pour les vendre directement aux consommateurs, sans passer par un exploitant forestier ou un scieur.

L'acacia est aussi un excellent bois de chauffage, pas toujours bien trié car de nombreuses perches et rondins pourraient être transformés en piquets de clôtures dont vous pourriez avoir besoin, pensez à votre petit coin de légumes… Mais ce superbe bois peut aussi avoir une utilisation très noble : la construction de votre maison en rondins, posés non pas dans leur longueur mais en petits tronçons qui vont vous permettre de construire des murs bien solides et très bien isolés grâce au liant qu'est la chaux, comme une maison en paille. Et il n'est pas dommage d'utiliser un si beau bois de cette façon, car vous n'employez que des rondins qualité bois de chauffage.

Une maison qui se fond dans les bois

Cette méthode pour dresser les murs porteurs est des plus simples. Voici comment vous devez procéder. Au préalable, faites une demande de permis de construire (même pour les petites surfaces, c'est, sinon obligatoire, du moins fortement recommandé).

D'abord, préparez le terrain. Dressez un plan : Combien de chambres voulez-vous ? Quelle sera la taille de la cuisine, du salon ? N'oubliez pas les sanitaires, sèches, et une bonne chaudière. Aplanissez le terrain avec une pelleteuse ou en faisant appel à de nombreux amis qui viendront tous avec leur pelle et leur pioche. Délimitez-le en installant tout autour des madriers qui serviront de coffrages. Installez les tuyauteries d'évacuation et d'entrée d'eau. Dressez un hérisson de pierres de 25 centimètres de haut, qui, avec le hourdis de chaux, servira de vide sanitaire ; surtout n'installez pas de toiles afin de laisser une circulation d'air. Posez un mélange chaux-sable-sciure de bois. Marquez au sol les emplacements des portes et des fenêtres (pour mémoire).

Puis préparez le bois. Débitez des rondins d'acacia en 0,50 mètre de long, c'est-à-dire à l'épaisseur des murs que vous souhaitez. Écorcez-les, certes c'est embêtant mais il faut vraiment enlever l'écorce pour éviter qu'elle ne pourrisse et provoque la pousse de champignons ou crée de l'humidité. Évitez les rondins de faible diamètre, privilégiez plus de 8 centimètres (mais une couche de diamètre moyen de temps en temps est du plus bel effet).

Installez les portes et les fenêtres.

Puis préparez le liant. Faites votre mélange de 2-3 sceaux de chaux grasse (pas vive bien entendu), 1 de sable, 1 de sciure.

Commencez alors à dresser les murs. Alternez 1 couche de liant, 1 couche de rondins, toujours de même section, déposés entre ceux de la rangée inférieure, 1 couche de liant, 1 couche de rondins dans le sens contraire (sinon le bois glisserait et la pile prendrait du gîte). Procédez ainsi jusqu'à ce que vous ayez fait le tour de votre maison. Vérifiez que les murs sont bien droits. Ne montez pas une pile trop haute chaque jour.

Pour une cabane, un rez-de-chaussée suffira. À 2,40 mètres de haut, finissez votre pile avec une couche de liant. Attendez jusqu'au lendemain que ce soit sec. Posez toutes les solives du futur plancher. Procédez de la même façon pour poser les poutres de la charpente. Attention, la charpente doit reposer sur ces poutres mais pas directement sur les murs.

Faites appel à des professionnels, à moins de l'être vous-même, ou entourez-vous de spécialistes. Les belles perches pour la charpente, les solives, les poutres (délignées) seront issues de votre bois.

L'installation électrique est on ne peut plus simple. Inutile de réaliser des emplacements pendant le montage des murs. Il suffira d'utiliser la couche de liant entre deux piles de rondins pour encastrer fils et prises avant de réaliser l'enduit.

Voilà, votre maison est maintenant bien terminée. Il ne vous reste plus qu'à enduire l'intérieur, toujours à la chaux, de façon à obtenir une surface bien plane, si blanche que vous n'aurez pas besoin de peindre. Vous pouvez faire la même chose à l'extérieur si vous n'aimez pas trop les rondins coupés. C'est une question de goût personnel. De toute façon il vous faudra recouper chaque rondin à la même longueur tout en en laissant quelques-uns dépasser pour pouvoir accrocher ce que vous voudrez : une lampe, un pot de fleurs, une poterie ou encore des instruments de jardinage, une sculpture.

Laissez sécher quelques semaines. Il vous reste à amener vos meubles. Il n'y a pas de cloisons de doublage à réaliser, le mur extérieur est l'isolant parfait, il représente à lui seul un élément de décor, rustique mais parfait.

Avec cette méthode, vous n'avez pas eu besoin d'acheter et de faire venir de loin les matériaux pour la construction des murs (oui, vous pouvez remplacer la chaux par de la terre ou de l'argile), le bois pour l'armature, le bois de charpente, les poutres pour les planchers, l'isolation (méthode de construction auto-isolante), le parquet et l'installation intérieure.

Faites-vous aider. Lorsque l'on construit en autonomie, on entre dans un système d'entraide : vous venez m'aider et m'accompagner dans ma démarche, je vous apporte mes connaissances.

Vous pouvez aussi construire d'une façon plus classique, c'est une question de choix personnel.

Autres essences pour la construction

Certes, on l'a vu, vous pourrez faire tout ça en robinier faux-acacia, mais aussi en châtaignier ou pin Laricio ! Vous allez utiliser les essences qui sont sur votre terrain pour des raisons pratiques. Les deux dernières, surtout le châtaignier, ont quelques avantages : les perches ont de bonnes longueurs rectilignes alors que l'acacia est souvent tordu ; on les trouve en abondance sèches sur pied, donc prêtes à une utilisation immédiate (le bois ne va pas bouger, l'écorce va s'enlever facilement, elle part en lambeaux), pour réaliser votre charpente ce sera beaucoup plus facile. Ne confondez pas bois secs sur pied et couchés sur le sol : les premiers, qui ont gardé leurs racines, ont séché doucement, alors que ceux qui se sont désolidarisés de leur souche ont tendance à pourrir et ne doivent pas être utilisés comme matériaux.

Les arbres producteurs d'énergie pour le chauffage

Que ce soit brut, c'est-à-dire en stère, ou en copeaux et pellets (sciure compressée et exempte d'humidité), pratiquement tous les bois feuillus ou résineux sont utilisables pour le chauffage, avec plus ou moins d'efficacité du point de vue calorifique (les bois tendres, peupliers, trembles, le sont moins), à l'exception des bois contenant des huiles essentielles, comme les cèdres, thuyas, cyprès et genévriers. Ils sont peu conducteurs de chaleur et surtout leur sciure peut agir véritablement comme de l'essence si vous la lancez dans un poêle à bois et tout faire exploser.

Les arbres sont aussi producteurs d'eau chaude : il suffit d'installer un tuyau entourant un gros poêle pour obtenir de l'eau bouillante et la transformer en chauffage pour votre maison en disposant dans chaque pièce des radiateurs. C'est avec un principe aussi simple qu'est né le chauffage central inventé par les Romains.

En partant du même principe, vous pouvez actionner une turbine et obtenir de l'électricité. Il faut, dans les deux cas, eau chaude et électricité, une chaudière permettant une production continue, toute interruption entraînant l'arrêt immédiat de ces deux avantages.

Chapitre 2
L'exploitation

C'est donc l'ultime option pour obtenir des revenus réguliers de votre forêt si aucune des propositions préalables ne s'est avérée applicable chez vous. Avant celle-ci, vous devez proposer un plan simple de gestion déterminé en accord avec la chambre d'agriculture. Le Centre régional de la propriété forestière (CRPF) ainsi que le Syndicat des propriétaires forestiers vous aideront à le dresser. Ce n'est pas qu'une simple formalité, elle a pour but de vous inciter à déterminer bien précisément ce que vous voulez faire dans votre forêt.

Si vous voulez en faire votre métier, vous devez vous inscrire au régime agricole régi par le ministère de l'Agriculture et de la Forêt. Ce régime, la MSA, a de nombreux atouts.

Vous assurer

Deux sortes d'assurances sont disponibles mais non obligatoires, la RC et l'Incendie.

La RC ou responsabilité civile

Comme la majeure partie des bois, les vôtres ne sont peut-être pas clôturés. Que vous ayez ou non installé des panneaux « Propriété privée défense d'entrer » à intervalles réguliers, vous êtes responsable de la chute de vos arbres et des dégâts, potentiellement mortels, qui pourraient s'ensuivre. Donc vous devez vous assurer en adhérant au Syndicat des propriétaires forestiers du département où sont situées vos parcelles. Par le biais d'un contrat groupé, vous bénéficierez d'un tarif avantageux.

Vos installations futures ou existantes doivent elles aussi être assurées, surtout si vous louez un gîte, une cabane dans les arbres…

Incendie

Tout dépend des essences qui composent vos peuplements : les feuillus brûlent beaucoup moins que les résineux et ne nécessitent pas d'assurance. Par contre, vous devez vérifier que dans la RC vous êtes couvert contre les incendies prenant source chez vous et s'étendant au reste du massif forestier appartenant à des voisins, qu'ils soient d'origine criminelle ou accidentelle : promeneurs jetant un mégot, randonneur ayant bivouaqué sans éteindre les braises, foudre.

Les départs d'incendies sont plus fréquents avec les résineux. Faut-il pour autant s'assurer ? Pour moi, le calcul est simple, et je n'achète donc jamais de résineux. À raison de 50 € d'assurance à l'hectare par an, le coût pour 20 hectares sera de 1 000 € par an. Au bout de vingt ans, vous aurez donc versé 20 000 €. Il suffit donc de connaître la valeur de vos arbres à cette date pour déterminer votre risque. Vous pouvez aussi provisionner 1 000 € par an et les mettre de côté, sur un compte bancaire séparé.

Le vocabulaire forestier

Chaque corporation ayant son langage, je vous invite à découvrir absolument la base du vocabulaire forestier grâce au *Vade-mecum du forestier*, que vous pourrez vous procurer auprès de la Société forestière de Franche-Comté et des provinces de l'Est. Sinon, vous pouvez vous procurer l'extrait de la norme française NF B 50-002.

Les trois cycles d'exploitation

Pour apprendre à domestiquer l'environnement dans lequel vous allez vivre, commençons par le commencement. Il ne s'agit pas ici de vous donner un cours de botanique avec des noms latins, mais de donner les bases minimales à ceux d'entre vous qui ne connaissent vraiment pas les arbres.

Les forêts sont exploitables selon trois cycles : les taillis simples (recommandés), les taillis sous futaie, la futaie.

Un taillis

C'est un massif forestier constitué d'arbres feuillus de petits diamètres, de petite taille, pouvant être exploités de deux façons différentes :

- En coupe rase : soit les arbres (dits « perches ») ont peu de valeur, soit les essences (châtaigniers, acacias, chênes) peuvent être exploitées tous les douze, vingt-deux ou trente-cinq ans.
- En coupe jardinée : le taillis contient des arbres d'avenir qui doivent être conservés selon la technique du balivage, c'est une opération minutieuse qui si elle est mal menée conduira à la catastrophe.

Un bois-taillis est une surface forestière de moyenne importance composée de taillis. Il y a en fait plusieurs types de bois-taillis : les bois-taillis homogènes, essentiellement constitués de bois feuillus ; les bois-taillis de mélange, avec les mêmes feuillus, plus des résineux tels que les pins maritimes, sylvestres, Laricio, douglas, les sapins et autres arbrisseaux, rarement tous représentés ensemble.

C'est ce premier cycle d'exploitation qui est concerné par cette méthode inédite de gestion d'une forêt. Je vous conseille de n'acheter que des bois-taillis, les autres cycles étant indiqués pour mémoire. Ils sont selon moi à éviter absolument.

Un taillis sous futaie

Il se compose des perches d'avenir conservées lors de la dernière coupe, du taillis ayant repoussé depuis. À chaque nouvelle période de coupe, de nouvelles perches sont sélectionnées pour être à nouveau conservées. Le reste du taillis est coupé tout en laissant suffisamment d'arbrisseaux autour des tiges pour éviter que la lumière donne naissance à de jeunes pousses sur les troncs, « les gourmands », qui viendraient détériorer l'arbre.

Une futaie

Au bout de plusieurs coupes successives, le peuplement forestier comporte uniquement des perches d'essences différentes et de valeur. Entre les gros arbres, aucun taillis ne pousse à cause du manque de lumière. C'est une futaie.

Une autre possibilité : ne pas couper

Le rêve des bûcherons : couper des arbres. Celui des promeneurs : les voir toujours debout. Le vôtre : gérer votre forêt le mieux possible en trouvant des alternatives à la coupe des bois.

Lorsque j'avais mon activité de créateur de produits en bois de cèdre, je n'ai jamais eu besoin de couper un seul arbre pendant près de vingt ans. Quand je dis cela, mes interlocuteurs sont dubitatifs, et je les comprends. Pourtant c'est ce que j'ai vécu : nous n'avons utilisé que des arbres déracinés lors de tempêtes. Mais c'est vrai que, entre deux désastres écologiques, il devenait de plus en plus difficile de trouver du bois, d'autant plus que notre besoin variait d'une année sur l'autre, autour d'une centaine de mètres cubes.

Est-il possible de transposer cette expérience à votre propriété ? Cela impliquerait que seuls les arbres secs sur pied (ils ne sont pas nombreux) ou déracinés par une tempête (ceux cassés ont beaucoup perdu de valeur) soient extraits des forêts. C'est possible si à la suite d'un coup de vent une grande quantité d'arbres est tombée et si vous avez les moyens de les conserver pour attendre la remontée des prix. À condition de procéder à un tri méthodique.

D'un point de vue touristique, cela peut avoir de l'intérêt de conserver certaines parcelles dans l'état d'après tempête pour expliquer ce qui s'est passé, le phénomène météorologique, ce que vous allez faire des arbres, comment la nature reprend ses droits lorsque l'on ne touche à rien (apparition de champignons, appropriation des lieux par des animaux souterrains ou évoluant en surface). Cet espace peut être ouvert au scolaire et aux familles.

Prendre des mesures

Pour calculer le volume des arbres sur pied et le volume disponible sur une parcelle, je vous conseille de vous adresser au CRPF de votre département, qui le fera pour vous ou vous apprendra à le faire. Il est par contre très facile et amusant de calculer la hauteur d'un arbre et de connaître son âge sur pied.

Évaluer la hauteur d'un arbre : la croix du bûcheron

Les forestiers sont des gens simples qui parcourent les bois depuis des millénaires et ont mis au point toutes sortes d'astuces pour bien connaître la forêt. La croix du bûcheron[16] en est une géniale qui ne demande pas de s'encombrer d'instruments. Vous le verrez, plus vous aurez les mains libres, mieux vous vous porterez lorsque vous marcherez dans un bois-taillis.

- Prenez deux baguettes d'une trentaine de centimètres de long, bien droites.
- Placez une baguette tout près de l'œil dans la direction de l'arbre que vous voulez mesurer et parallèlement au sol.

16. Dans *Furesta di Corsica*, bulletin semestriel du CRPF, juillet 2018.

- Placez au bout de cette baguette la seconde verticalement, perpendiculairement à la première.
- Déplacez-vous en avant ou en arrière et simultanément bougez la seconde baguette de manière à ce que ses extrémités supérieures et inférieures soient alignées respectivement avec la cime et la base de l'arbre.
- Quand vous avez trouvé le bon emplacement, calculez en pas la distance qui vous sépare de l'arbre, puis multipliez ce nombre de pas par leur longueur : vous obtenez la hauteur de l'arbre cime comprise.

Calculer l'âge des arbres sur pied

Un arbre pousse en largeur. Lorsqu'il est coupé, en comptant les cernes d'accroissement on calcule de façon très précise son âge.

Pour les arbres debout, il existe d'autres méthodes.

Les arbres poussent aussi en hauteur. Chaque année, ils laissent une couronne de branches. Il faut donc compter les groupes et vous disposerez à 5 ans près de son âge – tout dépend si vous distinguez bien l'arbre jusqu'à la cime.

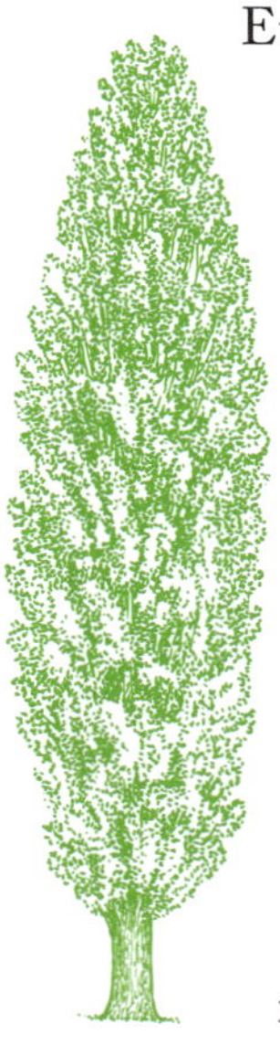

Et voici ma méthode préférée parce que la plus fiable : Dans la parcelle où se situe l'arbre dont vous voulez connaître l'âge, recherchez si d'autres arbres ont été sciés récemment. Si oui, comptez le nombre de cernes, prenez la circonférence de la souche et divisez-la par ce nombre. Vous avez l'accroissement annuel de cet arbre. Il vous reste à le diviser par la circonférence de votre arbre.

Par exemple :

- 200 cm circonférence arbre coupé/80 cernes = 2,5 cm
- 260 cm circonférence arbre sur pied/2,5 cm = 104 ans

Attention, c'est variable selon les essences car toutes n'ont pas le même accroissement. Les peupliers, les cèdres, poussent plus vite que les chênes. Prenons un chêne dont l'accroissement moyen est de 2,5 centimètres ; pour un arbre de 350 centimètres de tour, son âge sera de 140 ans (350/2,5). Pour un cèdre, l'accroissement annuel moyen serait plutôt de 3,5 centimètres, soit 350/3,5 = 100 ans.

Couper

Couper en fonction de la lune

Bien que vous puissiez couper lorsque la lune est pleine et lumineuse un jour où le ciel est bien dégagé, en fait il s'agit bien d'autre chose. Nous connaissons l'influence de cet astre sur les marées, et nous commençons à entrevoir celle

qu'elle a sur le comportement humain. Nos ancêtres, qui coupaient à la hache, avaient observé que les bois abattus en hors sève et en phase descendante de la lune séchaient plus vite et surtout qu'ils étaient inattaquables par les parasites, ne pourrissaient pas, travaillaient moins, ce qui donnait de meilleurs bois de charpente et de couverture.

Les bonnes ou mauvaises périodes de coupe sont indiquées dans le Calendrier lunaire à la rubrique « bois ». En le consultant et en vous y fiant, vous n'aurez plus de doute sur cette influence de la lune.

Couper en été !

On coupe en hiver, généralement lorsqu'il gèle encore, mais il existe une autre période pendant laquelle le bois est « au repos », c'est-à-dire cesse de croître, pendant l'été. On la connaît grâce à l'observation des cernes d'accroissement des arbres, où le bois de printemps et le bois d'été se différencient bien. Des scientifiques se sont donc penchés sur la question pour déterminer la période exacte de cette pause et pour décider s'il existe une possibilité de couper à ce moment-là, ce que par tradition les bûcherons s'interdisent depuis la nuit des temps.

Couper pour quel résultat ?

En Europe, il existe un nombre relativement constant de produits forestiers, dont voici les treize plus courants, classés du moins cher au plus cher : les bois de trituration, les bois de chauffage, les bois à palette, les rondins pour la parqueterie, les bois pour plancher, les bois pour lambris, les pieux de bouchots, les perches en châtaignier, les piquets et pieux en acacia ou châtaignier, les rondins pour le déroulage, les grumes pour la scierie, les billes pour le tranchage et celles pour la tonnellerie.

Les trois premiers sont de valeur sensiblement identique et pauvre ; les trois suivants constituent une catégorie un peu supérieure ; les trois d'après sont intéressants, surtout si vous vous occupez de la transformation ; les quatre derniers concernent les grumes issues de taillis sous futaie et futaies qu'il faut vendre sur pied.

Rappel : l'objet principal du livre que vous avez entre les mains est de vous inciter à utiliser toutes les ressources naturelles d'une forêt plutôt que de couper vos arbres. Couper à ras un bois-taillis est irresponsable pour la nature, la faune, les plantes, c'est un acte de destruction massive, une méthode utilisée pour réaliser une opération financière juteuse dans un délai très court.

Je le redis, si parmi toutes les possibilités proposées au long des trois premières parties de cet ouvrage vous n'en avez trouvé aucune pour donner de la valeur à votre propriété, alors, et seulement alors, vous pouvez l'exploiter.

Débarder

Il n'y a pas si longtemps encore le débardage était manuel, et ce mode de travail est encore préféré lorsque l'on peut utiliser la main-d'œuvre à la limite de l'esclavagisme. Les femmes, les enfants et les hommes chargeaient et entassaient les rondins au bord du chemin en prenant soin de séparer les différents produits de l'exploitation : palettes, parquets, perches, bois pour la papeterie. C'était un travail réalisé en famille et personne ne comptait ses heures.

Le cheval en Europe, l'âne au Maghreb, l'éléphant en Asie, le renne dans les pays nordiques attendait patiemment, mais pas toujours, que la remorque soit pleine pour la tirer sous les coups redoublés de ses maîtres, tout en prenant soin des endroits où il devait poser ses sabots pour ne pas glisser, heurter les arbres morts et renverser la charge. Chaque coup reçu le poussait à un sursaut d'effort. Sa peine était à son comble à midi, il fallait le remplacer à mi-journée. Un débardeur devait disposer au minimum de deux chevaux, voire trois.

Puis c'était à l'animal d'être nourri, peigné, frotté, séché, sabots grattés mais pas toujours ferré ou soigné. Dans certains pays ou l'amour des animaux va de pair avec celui des arbres, ils faisaient presque partie de la famille.

Puis apparurent les premiers tracteurs et les prêts bancaires. Et le changement inéluctable se fit lentement ; les inconvénients, eux, apparurent très vite : huile de vidange et gasoil polluant les chemins et la terre, représentant un coût non négligeable, enlisement dans des ornières dont il fallait sortir grâce à l'animal désormais au chômage technique, les coups reprenant le dessus. On était sorti du Moyen Âge sans la moindre précaution, et on oublia vite les bêtes pour ne jurer que par les marques américaines, leurs performances, le rendement. Et maintenant c'est la course au gigantisme, avec un matériel toujours plus large, plus grand, plus lourd, consommant moins de carburant mais créant de gros dégâts en forêt. On cherche à adapter la surface des exploitations, qui étaient petites en Europe, à la largeur des engins, qui ont la maladresse de crever et de faire perdre un temps précieux.

Heureusement, il reste quelques irréductibles. J'ai connu un débardeur, dans le Limousin, qui tronçonnait les perches de châtaignier avec une tronçonneuse thermique, et sortait tous ses bois à la main pour les charger sur la remorque tirée par un magnifique cheval. Celle-ci était déchargée au bord du chemin, tout étant effectué sans la moindre précipitation. Me croirez-vous si je vous dis que l'animal et son maître semblaient heureux ? C'est un débardage sans bruit, sans stress pour les oiseaux, qui peuvent continuer leurs occupations favorites : construire leur nid, pondre, couver, nourrir les petits, chanter et se chamailler.

Maintenant, le débardage est passé d'une tâche subalterne à une opération prépondérante allant de pair avec l'exploitation de la forêt. Mais la mécanique n'entrera pas chez moi.

Je ne vous parlerai pas du débardage par les airs grâce à un hélicoptère dans des cas exceptionnels ou pour installer des lignes à haute tension par exemple, mais du débardage par câble utilisé pour préserver la nature. Dans les lagunes du Gât-Mort, au sein de la zone d'Hostens dans les Landes de Gascogne, il fallait sortir des pins maritimes d'une zone humide, ce qui aurait provoqué des dégâts insupportables. Cette solution sans douleur fut utilisée, les grumes étant suspendues dans les airs entre deux points fixes situés à une hauteur d'environ 18 mètres, et tractées sur le câble au moyen d'un chariot roulant, comme s'il leur fallait traverser une rivière sans passerelle.

Scier

Sciez vos bois sur place, pour votre propre consommation, l'aménagement de cabanes perchées ou un lieu d'accueil par exemple, avec une scie mobile. Au lieu que vous alliez à la scierie, la scierie vient chez vous. Dans toutes les régions, de telles entreprises mobiles existent. Et c'est vraiment l'idéal. Elle arrive en bordure de votre parcelle, installe son matériel, et en moins de temps qu'il ne faut pour le dire est prête pour débiter tout ce dont vous avez besoin.

Il vous faut préparer un emplacement bien dégagé et suffisamment grand pour pouvoir circuler facilement autour de la scie, et vous munir d'un petit tracteur pour tirer les grumes jusqu'au banc de scie et les monter sur le chariot avec sa fourche. Un peu de main-d'œuvre sera nécessaire pour pouvoir manipuler planches et poutrelles (les voisins, des amis ou la famille feront l'affaire). Un plateau sur roues vous permettra d'emporter les sciages là où vous allez les utiliser, car il ne serait pas prudent de laisser sur place du bois qui vient de prendre de la valeur. Et surtout pensez à du matériel de cerclage pour, une fois sur votre chantier, pouvoir bien serrer les planches posées sur taquets afin qu'en séchant elles ne se voilent pas et ne subissent pas de dégâts.

Pendant que vous aiderez le scieur, d'autres prépareront un casse-croûte pour le matin, un bon déjeuner et un copieux dîner pour tout le monde. C'est la tradition, comme pour les vendanges : scier ses propres bois chez soi pour son propre usage est l'occasion de faire la fête. L'amitié entre voisins s'en trouve renforcée, les langues se délient, les confidences se font moins rares.

Auparavant, vous vous serez mis d'accord avec le scieur sur les conditions, les pièces à débiter, la date. Une scie mobile ne peut se déplacer pour une demi-journée : prévoyez une quantité de sciages un peu plus importante que vos besoins, l'idéal étant de vendre à des voisins quelques poutrelles dont ils ont toujours besoin et d'amortir ainsi le coût du sciage. Ce dernier est toujours calculé au mètre cube, l'entreprise ayant besoin d'un volume minimum pour amortir ses charges et son déplacement.

Le bois ayant besoin d'un bon ressuyage, c'est-à-dire une période pendant laquelle la sève doit être en grande majorité éliminée, vous devez prévoir le sciage six mois au minimum avant d'utiliser les poutres et douze mois pour les planches et petits débits.

Pour quelques planches et un petit investissement, le système dit « Big Mill System » peut convenir. Il s'agit d'une conception très ingénieuse de la société Logosol : c'est un adaptateur à installer sur une tronçonneuse et qui permet de débiter des planches en pièces de menuiserie.

Sinon, vous pouvez déligner vos perches et rondins directement sur votre chantier de coupe afin de les acheminer sur le lieu de la construction que vous avez choisi de réaliser sur place.

Le cas particulier de l'exploitation des arbres précieux

Une période de coupe à respecter

Toujours et plus que jamais pour les bois précieux, les arbustes doivent être coupés en période hors sève : après le début de l'automne et bien avant le printemps, donc pendant les mois de novembre, décembre, janvier, voire février – ce mois peut même être exclu de la période, car, dans une époque où la sécheresse sévit, il suffit de trois ou quatre jours sans gelées pour que la sève recommence à monter. Décembre et janvier sont ainsi préférables. Sans sève, le séchage est excellent.

Le danger qui guette ces arbres précieux, délicats et excessivement nerveux, c'est leur tendance à se fendre, diminuant ainsi leur valeur. En effet ces arbres sont de diamètre rarement important, quasiment toujours de diamètre moyen, parce que trop exploités depuis des siècles et rarement laissés au moment des coupes de bois-taillis (autrement nous aurions des arbres de plusieurs centaines d'années, comme on en trouve en Afrique, en Amérique du Nord, en Asie). La perte en matière première, lors de leur transformation en carrelets ou en planchettes, en plaques très fines de tranchage, sera d'autant plus grande si les fentes sont nombreuses. Et leur valeur marchande dépend essentiellement de l'épaisseur des produits et de l'absence de fentes. Sous peine qu'ils soient détruits par les arbres abattus, la seule façon de les exploiter est de le faire avant la coupe ou l'éclaircie de la parcelle. Avec l'utilisation de monumentales broyeuses forestières capables d'avaler des houppiers entiers, nos petits bois précieux ne pèsent plus rien sur la balance commerciale.

Débiter, scier

La première opération ne vous concerne pas. L'utilisateur voudra débiter les rondins dans son atelier selon ses propres besoins. De plus, les petits arbres précieux doivent d'abord être séchés en perches et être sciés uniquement si un client vous le demande, à ses dimensions et à ses risques. En règle générale, laissez les clients réaliser leurs propres débits. Mais si vous voulez utiliser ces bois précieux pour vous-même, procédez selon un mode de séchage identique et rigoureux, en deux temps :

1. En rondins pendant cinq ans minimum : cette longue période permet de stabiliser le bois, qui doit être conservé dans un hangar bien aéré, stocké hors sol pour éviter les remontées d'humidité, bien serré et cerclé.
2. En planches : ce débit est totalement déconseillé, mais s'il vous arrive d'en faire, vous devez impérativement faire sécher vos débits sur des taquets fins et bien les cercler, pour éviter que la tension contenue dans la plupart de ces arbres nerveux se relâche, provoquant le fendage des planches et une perte de valeur.

Cela fait donc cinq ans de séchage en rondins et autant en débits, c'est-à-dire dix ans, sans rentrer un seul centime, c'est beaucoup !

Les vendre

Vous allez vendre ces belles essences pour la bijouterie, les cannes de qualité, l'armurerie, le tournage de qualité, les instruments de musique, la parqueterie, le placage, l'ébénisterie, l'artisanat de luxe, la construction navale, la construction aérienne, la sculpture, la tonnellerie, les ouvrages de tour, les arcs et arbalètes, les couverts en bois, les boutons en bois, la marqueterie.

Ne manquez pas d'établir des contacts directs et pensez aux fabricants étrangers en Europe : par exemple en Allemagne, à Hambourg, pour les arcs en houx, en Belgique, pour le tournage du buis et d'autres bois.

Vous n'aurez aucune difficulté à trouver d'autres contacts par spécialité et à les intéresser si vous avez un beau volume à leur proposer. Le mieux est de leur proposer de venir voir sur place.

Les chênes de la région de Tchernobyl ont-ils muté depuis la catastrophe nucléaire ?

À l'INRA (Institut national de la recherche agronomique) de Cestas en Gironde, une équipe étudie les effets de la catastrophe nucléaire de Tchernobyl en Ukraine sur la mutation des chênes. Ce projet, réalisé en plusieurs étapes depuis septembre 2018, relève de la science participative. Une plate-forme de crowdfunding a été ouverte pour permettre aux scientifiques de financer l'acheminement jusqu'au site, de commencer l'extraction de l'ADN et le séquençage. L'INRA est un organisme d'État on ne peut plus sérieux et qui a de nombreuses découvertes à son actif. Le fait qu'il se tourne vers le financement par des particuliers nous montre la faiblesse de la recherche scientifique en France, qui pousse les chercheurs à s'expatrier. Pour ce qui est de cette étude, ce n'est pas le cas, et un petit peu de leur réussite pourrait bien faire notre fierté*.

* Source : Séverine Guillemet, journal *Sud-Ouest* du 26 août 2018. Pour en savoir plus, rendez-vous sur leur site : https://tinyurl.com/foretstchernobyl

Chapitre 3
Fabriquer avec du bois

Une construction sur l'eau

Si, comme cela semble se démontrer chaque année, nous allons rencontrer de plus en plus souvent des périodes de sécheresse, disposer sinon d'une rivière ou d'un ruisseau, au minimum d'une source va se révéler indispensable. Dès l'instant où vous rencontrerez une trace d'eau, fouillez pour faire jaillir cette eau indispensable à la vie, ou créez des lieux de stockage pour recueillir les eaux de pluie qui vont tomber en abondance par périodes éphémères.

Naviguer sur l'eau sans gêner personne, ne pas avoir de contraintes administratives, c'est un rêve à partager en famille ou avec des amis. L'envie de devenir un vrai marin vous titille depuis votre tendre enfance mais vous habitez loin de la mer, d'un lac ? Qu'à cela ne tienne, il vous suffira d'un petit ruisseau. Peut-être faudra-t-il l'élargir un peu, mais votre rêve va pouvoir se réaliser. Les clefs du bonheur sont à votre portée. Saisissez-les sans tarder un instant.

Un appontement

Vous allez construire un appontement. Un appontement, c'est une partie construite en dur qui prend assise sur la terre d'un côté et s'avance, de l'autre, au-dessus de la mer, d'une rivière, d'un ruisseau.

Auparavant, vous allez construire un radeau qui vous servira à édifier la partie lacustre de votre appontement. Sélectionnez deux rondins de 10 centimètres de diamètre et de 4 mètres de long. En travers, à l'aide de longues tiges en fer ou de cordage, fixez des rondins distants de 2 mètres sur lesquels vous clouez des planches. Voilà, votre radeau est prêt. S'il avait un mât, une voile et un gouvernail, vous pourriez naviguer, ce que vous ne pouvez pas faire là parce que votre radeau serait emporté par le courant sans que vous puissiez le ramener chez-vous. C'est pour cette raison que les gabares qui amenaient des marchandises dans les villes et villages étaient démontées ou vendues en bois de chauffage.

Plus vous allez allonger cet appontement, plus la partie sur terre devra être ancrée ; des rondins mis en travers vont faire contrepoids. Prenez des perches de 9 mètres de long, 3 mètres sur la terre, 6 mètres en avancée, de 15 centimètres de diamètre pour l'extrémité qui avance sur l'eau, 20 centimètres pour l'arrière.

Commencez par aplanir le sol, enfoncez quatre poteaux distants de 2 mètres les uns des autres dans des trous préparés à l'avance, fixez vos perches. Maintenant, clouez des planches en travers pour commencer votre plancher. Posez en travers une bonne pile de rondins.

Avec votre radeau, vous allez enfoncer de longues perches dans la vase jusqu'à rencontrer du terrain solide. Et enfin fixer solidement le ponton. Sur cette partie, vous pourrez construire une mini-cabane pour pêcher ou enfin vous reposer. Voilà, vous en avez assez fait pour aujourd'hui.

Franchir à plusieurs reprises le cours d'eau qui traverse le bois est quelque chose dont les enfants ne se lassent pas. Utilisez pour une passerelle le même principe de construction que pour l'appontement avec des points d'appui de chaque côté des rives.

Une simple jetée

Vous trouvez un peu trop compliquée la construction d'un ponton, puisqu'il faut être autorisé à planter des poteaux (deux, rien que deux) dans le cours d'eau ? Alors cette jetée est faite pour vous. C'est le même principe : une jetée qui s'avance au-dessus de l'eau, à la hauteur que vous choisissez, mais au lieu de planter des poteaux à partir d'un radeau, vous allez supporter l'édifice à partir de la terre en faisant contrepoids sur l'arrière.

Commencez par aplanir la partie où vous allez enfoncer quatre poteaux. Enfoncez les plus éloignés en les séparant de la largeur que vous voulez donner à votre jetée, par exemple 3 mètres. Faites-en autant avec les deux autres à une distance également de 3 mètres. Fixez, de part et d'autre, un poteau parallèlement au sol de la longueur totale de la jetée qui va se dresser au-dessus du ruisseau, 9 mètres par exemple, c'est-à-dire : 9 m – 4 m sur la terre = 5 m suspendus au-delà de la rive.
Remplissez l'espace délimité par les quatre poteaux arrière de rondins de bois les plus lourds possible (contrepoids). Fixez des planches en travers des 5 mètres de passerelles. Voilà un appontement réalisé en une journée à une personne.

Au-dessus de la partie sur l'eau, vous pouvez aménager un carré protégé par une bâche, ou une toiture en bois lorsque vous aurez un peu de temps. Pour allonger la jetée, il suffit de rajouter du poids sur la partie arrière afin que l'ensemble ne bascule pas.

Une cabane canadienne

Il existe différents types de cabanes, des cabanes en forme de tente, des cabanes d'affût pour la chasse, des cabanes-abris, construites en appui sur deux arbres, mais, en en restant à celles que vous pouvez laisser en permanence sans que l'on puisse vous dire quoi que ce soit, la cabane canadienne est la plus rapide à construire.

- Plantez deux poteaux ayant chacun une fourche à 3 mètres de hauteur à une distance voulue de 4 mètres ;
- Fixez une perche en travers de ces fourches, qui servira d'appui à d'autres perches latérales ;
- À chaque extrémité de vos poteaux-supports (en haut et au sol), fixez solidement une corde en avant pour solidifier l'ensemble de façon à ce que le poids des côtés ne fasse pas tout effondrer ;
- Couvrez ces côtés de perches ;
- Recouvrez l'ensemble de feuillage.

Voilà, c'est fini, en trois heures chrono !

Une cabane de feuillardiers

Cela implique que votre parcelle se trouve en plein bois-taillis de châtaigniers. Ici, ce sont aussi des perches vertes que vous allez utiliser. Mais qu'est-ce qu'une cabane de feuillardiers ? Dans le Limousin, région de châtaigneraies, et particulièrement en Haute-Vienne, aux alentours de Saint-Yrieix-la-Perche, il y a encore une trentaine d'années, on pouvait trouver au milieu des bois des cabanes dites « de feuillardiers ». Les feuillardiers étaient des fabricants de paniers conçus avec du bois de châtaignier très souple, lorsqu'il est jeune, débarrassé de son écorce. Ils avaient du caractère et une belle couleur, blanche au début, tournant vers le gris avec les années à cause de l'oxydation du bois. S'ils ne sont plus fabriqués en France, ils le sont encore en Espagne au Pays basque dans la région de Pampelune ou au Portugal, où j'en ai acheté.

Ce qui était extraordinaire c'était leur cabane, jonchée de lamelles d'écorce verte, profonde, où ils confectionnaient tout un ensemble de modèles, pour les fruits, les châtaignes, jusqu'à la hotte à pain que l'on découvrait en entrant chez les boulangers. Mais, si elle était large et longue, c'était sa hauteur qui lui donnait tout son charme. Cette cabane était oblongue, arrondie au faîtage comme un dôme, complètement ouverte sur le devant. Je revois encore devant moi le feuillardier en train d'enlever de grandes lames d'écorce, assis sur son banc fait d'un tronc d'arbre et de deux pieds en arrière, maniant avec habileté, selon les besoins, la hache, la serpe, la scie ou la plane, avare de paroles, travaillant la plupart du temps seul et ayant du mal à répondre à la demande, contrairement à ses confrères de l'autre côté des Pyrénées qui, eux, travaillaient en équipe.

Cette cabane est un peu plus compliquée à monter que la cabane canadienne, mais si vous décidez de vous lancer, vous aurez toute l'aide technique nécessaire, peut-être bien des bénévoles et un peu de finance de la part de la région ou du département qui voudraient, non pas relancer l'activité, mais montrer ce que les anciens savaient faire.

Elle est recouverte de ces écorces, les feuillards, entassés par paquets depuis le bas de la toiture jusqu'au faîtage. C'est une bien belle cabane qui mérite d'être reconstruite en mémoire de ces feuillardiers qui travaillaient durement pour un salaire de misère.

Une hutte végétale

Cette cabane va vivre d'une façon un peu inattendue, c'est ce qui rend ce type de construction génial. Des brins de saule, les mêmes que ceux utilisés pour les paniers en osier, constituent le matériau de base. Vous allez donner à votre hutte la forme que vous voulez, en rond, en long, selon l'utilisation que vous voudrez en faire.

La construction se déroule en deux phases et au printemps, pendant la période de montée de sève :

- Coupez de longs brins, d'un bon diamètre.
- Plantez la section la plus grosse dans la terre en espaçant les brins de 20 centimètres les uns des autres. Laissez une ou deux ouvertures.
- Réunissez solidement par le haut les parties les plus fines. Prenez des brins plus fins, de préférence des rejets, et tressez-les en travers de l'armature.

Voilà, c'est fini ! En une bonne journée.

Très vite, vous allez voir vos brins et vos perches se couvrir à leur tour de rejets qui à eux seuls vont rendre hermétique votre cabane végétale, les pieds ayant pris racine, couvrant la toiture d'une jolie couleur.

Après, il faudra chaque année l'entretenir, c'est-à-dire empêcher les brindilles d'aller dans tous les sens : un passage chez le coiffeur, en somme.

Partie V
Devenir propriétaire d'une forêt

Chapitre 1
La forêt idéale à acquérir

Un coup de cœur

La raison qui va vous conduire à acquérir une forêt est la même que celle qui a conduit tous les propriétaires forestiers de génération en génération : une passion envahissante. La forêt idéale à acquérir est celle qui va vous toucher au plus profond de vous-même, qui va toucher votre cœur, que vous aurez envie de partager avec votre famille. Un coup de cœur !

Comme dit le proverbe : ne mettez pas tous vos œufs dans le même panier. C'est pour moi la condition première pour acquérir une forêt. Si vous achetez une petite forêt, le problème ne se pose pas. Mais si vos moyens sont plus importants, acquérir plusieurs parcelles dans des lieux éloignés les uns des autres avec des peuplements d'essences différentes permet de réduire les risques liés aux intempéries, aux maladies.

La taille importe peu du moment que vous recherchez les ressources naturelles exploitables, la valeur du bois n'étant pas le plus grand critère, on l'a dit.

Le prix à l'hectare doit bien sûr être le moins élevé possible pour pouvoir acheter la plus grande surface possible en une ou plusieurs parcelles. Je rappelle que nous ne privilégions pas la valeur des arbres sur pied mais le sol, l'environnement, alors moins le prix de l'hectare est élevé, mieux nous nous portons. L'exploitation de l'une ou plusieurs des nombreuses ressources naturelles des parcelles pourrait à elle seule payer l'intégralité de l'acquisition sans exploiter le bois.

L'essentiel consiste à préserver l'intégralité du sol que l'on vient d'acquérir et l'idéal à trouver une ou plusieurs ressources naturelles. Une forêt disposant de bois de valeur va être gérée en fonction des cycles d'exploitation habituels alors que les taillis ne présentant aucun avenir pourraient être maintenus sur place pour maintenir un équilibre biologique (cas des fortes pentes).

Son âge

Connaissez-vous l'âge de votre forêt ? Cette question doit vous sembler superflue, car dans votre esprit les forêts existent depuis que la Terre existe. Ce serait vrai si elles n'avaient pas été défrichées pour les besoins en bois de chauffage, pour la construction de navires en bois, par impératif de fournir du charbon pendant l'ère industrielle ; ce serait vrai si leur surface n'augmentait pas chaque année grâce à ou à cause de l'abandon de terres agricoles. À vrai dire, il ne reste que très peu de forêts datant de plusieurs centaines d'années, encore moins de milliers d'années. « La référence en la matière pour connaître l'origine la plus lointaine de votre bois est la carte de Cassini, levée pendant la seconde moitié du XVIIIe siècle et qui donne pour la première fois l'emplacement des forêts », nous dit Nicolas Debaive, chargé du dossier aux Réserves naturelles de France. Vous le voyez, notre connaissance de l'état des forêts est très récente.

Si votre forêt y figure, c'est la preuve qu'elle date au moins du XVIIIe siècle, mais vous n'êtes pas pour autant en mesure de la dater plus précisément. Vous détenez cependant un petit bout de ce qui est le plus précieux et doit être préservé à tout prix : la mémoire historique. Dans ce cas, vous pourriez la faire visiter en accord avec les Réserves naturelles de France. Des chemins devront être créés pour interdire aux individus de marcher partout. Cela existe dans de nombreuses forêts tropicales et les promeneurs jouent bien le jeu, à condition d'être encadrés. Apprendre, encore apprendre, toujours apprendre[17].

17. Source : Loïc Chauveau, article *Sciences et Avenir*, juillet 2018.

L'aide nécessaire des hommes de l'art

Devenir propriétaire forestier est un travail à plein temps ou pas selon l'importance de votre domaine. Quoi qu'il en soit, vous allez transformer les produits issus de cette forêt pour mieux les rentabiliser. En effet, chaque fois que vous vendez un produit à un transformateur, vous perdez une partie de la marge.

Le prix de chaque bois-matière varie sensiblement chaque année, ce qui rend difficile un chiffrage par produit. Certains produits ne trouvent plus preneurs, les traverses de chemin de fer par exemple. De toute façon, entre la signature du compromis et celle de l'acte notarié, si vous décidez d'acheter un bois-taillis il s'écoule généralement environ deux mois, que vous allez mettre à profit pour rencontrer les hommes de l'art.

Ce sont les techniciens de la forêt : ils peuvent assumer tout le suivi des opérations et les organiser, depuis la coupe jusqu'à la vente, surtout. Ils connaissent leur secteur sur le bout des doigts et, si vous avez sur votre terrain des produits qui sortent pour eux de l'ordinaire, ils se mettront ou vous mettront en relation avec d'autres coopératives hors de leur secteur plus aptes à répondre à des demandes un peu plus pointues.

Il ne faut pas hésiter à aller sur place avec eux et poser toutes les questions que vous aurez préparées, car plus vous poserez de questions plus vous apprendrez les bases. On apprend très vite dans ce métier. Il est évident que si vous allez les voir en ayant auparavant bien étudié la question, vous serez plus à l'aise pour parler avec eux et ne passerez pas pour un novice.

Leur intervention a un coût, calculé le plus souvent au pourcentage, mais vous vous y retrouverez car ils représentent une vraie force de vente. Ils sont incontournables du fait de leur connaissance du marché et surtout l'importance des lots de bois mis en vente chaque année.

Vérifiez quand même qu'une partie de leur rémunération n'est pas calculée au temps passé, ce qui risquerait de vous coûter très cher. Préférez, et de loin, un pourcentage, raisonnable, sur les ventes.

Les avantages fiscaux

Sachez que les avantages fiscaux pour les propriétaires de forêts sont nombreux : revenus des coupes de bois exonérés d'impôts (vente d'un foncier et non pas d'un capital ni d'une plus-value), réduction du quart des droits de succession. Ce dernier avantage est le plus important puisque, on l'a dit, vous n'allez pas privilégier la coupe du bois, mais aussi parce qu'il vous faut prévoir l'avenir de vos enfants.

Dans les premières parties du livre, je vous ai donné de nombreuses ressources à exploiter avant de couper une branche d'arbre. La quatrième partie concerne l'exploitation du bois si sur aucune de vos parcelles ne se trouve l'une des ressources indiquées. Il n'y a donc pas ici d'incohérence à couper des arbres quand le taillis ne peut servir autrement. Rappel : les plantations ne concernent pas ce livre, qui n'est pas autre chose qu'une méthode de recherche de ressources naturelles.

Transformer la vente d'un bien immobilier en l'achat d'une forêt est sans doute le meilleur placement que vous pouvez faire, car vos héritiers bénéficieront de cette réduction de droits de succession.

Chapitre 2
Conseils pour l'achat

Atouts essentiels

L'accès

Un bon accès et une bonne desserte sont des atouts primordiaux à prendre en compte au moment de l'achat.

Avoir une forêt bien desservie représente un atout majeur qui vous permettra de réfléchir librement à son aménagement, aux infrastructures que vous pourriez être amené à réaliser. Un accès peut être aisé grâce à une route goudronnée, c'est cependant mieux si celle-ci reste à distance raisonnable de votre domaine.

Mais comme pouvoir pénétrer facilement à l'intérieur de votre bois vous autorisera à l'exploiter dans les meilleures conditions, vous pourrez aisément mener vos recherches quant au potentiel en richesses de votre terrain, par exemple en amenant sans difficultés le matériel dont vous pourriez avoir besoin, grâce au moins à un chemin empierré.

L'absence de droit de passage sur votre terrain, donc de toute contrainte, doit vous être indiquée au moment de la signature du compromis et confirmé dans l'acte. Il pourrait y avoir un droit à votre profit, par exemple un droit de passage chez un voisin vous permettant d'accéder au chemin empierré ou à la route goudronnée les plus proches. Il doit bien sûr lui aussi être confirmé dans l'acte.

L'emplacement

Dans l'immobilier, vous le savez, seuls comptent trois critères : 1 : l'emplacement ; 2 : l'emplacement ; 3 : l'emplacement.

L'exposition est aussi un élément à prendre en compte : être exposé au nord, pour une forêt comme pour un appartement, est un handicap ; par contre au sud, la croissance des arbres sera favorisée, et la valeur du terrain, si un permis de construire venait à être accepté, serait bien plus élevée.

Ce qui m'amène à aborder le sujet de la spéculation. Ce que vous achetez aujourd'hui, ou que vous possédez depuis toujours, aura plus de valeur demain, car vous allez réaliser des aménagements qui vont vous permettre d'apporter une plus-value à plus ou moins long terme. Mais spéculer ne veut pas dire acheter pour revendre – même si pourquoi pas pour une partie –, l'important est de bien acheter.

Attention, le plus important n'est pas l'aspect financier, mais l'amour que vous porterez à votre forêt. Là, vous comprendrez que tout le reste n'est que fioritures.

Des microclimats

Je veux vous parler ici de deux microclimats français parmi les plus connus.

Je ne peux que vous inciter à aller traverser ce qui constitue un site géographique exceptionnel : la forêt des Landes de Gascogne. Je dis bien « traverser », car vous devrez prendre une galupe, barque à fond plat typique de la Gascogne, dirigée par un batelier, et suivre le courant d'Huchet qui vous mènera jusqu'à l'océan Atlantique.

Il ne s'agit que de traverser, car cette forêt à la végétation luxuriante est une propriété privée qui ne se visite pas, et c'est bien dommage. Fougères géantes (osmondes royales), nymphéas ainsi qu'immenses cyprès chauves l'occupent. On se croirait dans un bayou de Louisiane. Entre un lac et l'océan, toutes les conditions de chaleur et d'humidité sont réunies pour créer une véritable forêt tropicale.

Le même phénomène se reproduit dans les Hautes-Pyrénées, dans les gorges de la Gourgue, où l'air saturé d'humidité a permis le développement d'une végétation luxuriante qui rappelle la forêt primaire des climats équatoriaux.

Chez vous, l'observation de la flore et des arbres qui n'ont *a priori* pas leur place à cet endroit vous permettra vite de détecter la présence d'un microclimat. Il peut être présent sur une parcelle de taille modeste, quelques hectares, et offrir un endroit idyllique. Dans ce cas, surtout, ne touchez à rien : laissez la nature intacte.

Désavantages et autres pièges

À étudier avec soin

Une ligne électrique

Elle constitue un inconvénient majeur qui dévalorise votre terrain. Les pylônes sont désagréables à voir, et si le courant, quelle que soit son intensité, influe sur notre santé, pourquoi pas aussi sur celle des animaux et sur la croissance des arbres ?

Un droit de passage

S'il y a droit de passage sur votre forêt, il la divise et la déprécie, c'est un handicap. Durant votre négociation d'achat, vous devez pointer le doigt sur ce défaut et bien connaître les conditions dans lesquelles ce droit s'exerce. Est-il indiqué dans l'acte ? Est-ce un droit d'usage et comment vous en débarrasser ?

De fortes pentes

Quand une pente est trop forte, mieux vaut laisser le bois debout : vous pourrez ainsi espérer qu'une forêt primaire se forme ici, au fil des siècles.

À éviter

La proximité d'éléments incontrôlables

Les décharges publiques représentent un élément dévalorisant, comme la présence aux alentours d'industries polluantes.

La situation dans un parc national ou régional

Il ne s'agit pas d'être pour ou contre ces parcs, mais de rester en dehors si vous envisagez d'exploiter vos bois, car leurs critères de développement risquent de ne pas être les mêmes que les vôtres. Je vous conseille de les éviter soigneusement car vous risqueriez de ne plus être maître de votre gestion.

La situation politique

Faites attention à ne pas entreprendre une démarche qui puisse susciter la contestation de personnes engagées, assurez-vous que rien ne pourra s'y opposer. L'environnement, l'écologie est un sujet sensible qu'il faut étudier soigneusement. De nombreuses organisations sont contre la propriété privée, qui pour eux est une atteinte au droit public. Dans le cas où vous envisagez une exploitation, si vous ne voulez pas être embêté, soit vous revendez « en l'état », soit vous vous abstenez d'acheter dans une région qui puisse poser problème ; la dernière option consiste à vous adapter à la situation.

Quant aux arbres

Les maladies visibles

À part le mélèze, qui perd chaque année naturellement ses aiguilles, les autres pins ne sont pas caducs. S'ils perdent eux aussi leurs aiguilles, c'est qu'il y a un problème, de sécheresse, de pollution atmosphérique. Vous devez vous y intéresser. L'apparition de champignons est une indication de maladie. Le chancre s'attaque aux arbres fruitiers, le *Coryneum cardinale* aux cyprès d'Italie du Sud. L'éclatement de l'écorce ou le jaunissement des feuilles sont d'autres indications.

Les châtaigniers, dans certaines régions, sont atteints d'une maladie qui pourrit le bois de l'intérieur et le rend impropre à la consommation au-delà de ses 30 ans, la maladie de l'encre, qui se manifeste au pied de l'arbre par des suintements visqueux noircissant par oxydation de l'air. Le chancre du châtaignier, quant à lui, apparaît sous forme de brûlures de l'écorce : l'arbre dépérit puis meurt.

La sécheresse entraîne le dépérissement de la plupart des arbres et la chute des feuilles. Elle n'a pas forcément pour cause le réchauffement de la planète, il existe des périodes de pénurie d'eau. *A contrario*, la surabondance d'eau peut avoir des conséquences tout aussi nuisibles mais passagères.

Les maladies invisibles

L'orme a disparu à la suite de la graphiose ; le *Ceratocystis platani* est mortel pour les platanes du canal du Midi. Transmissible, il doit être détruit par brûlage. En soulevant des parties de l'écorce, vous pourrez déterminer si des insectes prolifèrent et menacent la croissance des arbres.

Cela dit, si les autres possibilités de développement de votre bois sont d'un intérêt nettement supérieur, ces questionnements sur les maladies sont secondaires : coupez tout et replantez l'essence la plus appropriée.

Préférez les feuillus aux conifères

Nos régions tempérées, qui deviennent de plus en plus chaudes, ne sont pas adaptées à une bonne croissance des résineux, sauf s'ils se trouvent en montagne à une forte altitude. De plus en plus de maladies vont les rendre impropres à être transformés en belles planches. Préférez les arbres feuillus, moins exigeants.

Acheter après un incendie ou une tempête

Une forêt brûlée peut renaître

De trop nombreuses forêts partent chaque année en fumée, c'est désolant, et les causes sont nombreuses : foudre, accidents, imprudences ou incendies volontaires. Lorsqu'il s'agit de milliers d'hectares qui flambent comme en

Tasmanie, en Espagne, au Portugal, en Californie, on a envie de pleurer, mais c'est un fait courant et qui existe depuis la nuit des temps. De nombreux propriétaires veulent à ce moment-là, par désespoir ou découragement, se dessaisir de leurs terrains.

Faut-il alors acheter ? Une forêt brûlée peut présenter une opportunité, selon son emplacement, les autres ressources naturelles présentes. Le fait qu'elle ait brûlé ne constitue pas forcément un handicap pour son avenir car la flore va repartir de plus belle une fois le sous-bois bien nettoyé, les graines germer à nouveau sous une pluie abondante.

Il peut aussi rester des arbres debout en bon état ou partiellement brûlés, l'écorce les ayant protégés, ce qui peut être le cas dans les forêts de chênes-lièges.

Analysez tous ces éléments et, en fonction du prix, évaluez l'opportunité d'un tel achat. Ce n'est pas aussi idiot qu'il n'y paraît, car vous aurez la possibilité d'acheter de grandes surfaces à un très bon prix. Et n'oubliez pas que ce sont les ressources naturelles qui nous intéressent, qui vous intéressent, pas le seul bois.

Il y a tempête et tempête

Les tempêtes ne sont pas vraiment plus courantes qu'à d'autres époques, mais dans notre société qui tient de plus en plus compte de son environnement, elles attirent l'attention des médias, permettant ainsi aux divers propriétaires de parler de leurs problèmes et de mieux faire connaître leur activité.

Il y a en fait différents types de tempêtes : celles qui dévastent tout sur leur passage, comme les ouragans, et celles qui passent à travers un massif forestier en abattant les arbres le long d'un couloir. Dans le premier cas, les arbres sont déchiquetés et ne valent plus rien. Dans le second, les arbres sont déracinés, on appelle cela « chablis », et/ou cassés en plusieurs tronçons. Les arbres déracinés peuvent conserver une valeur marchande si en tombant les uns sur les autres ils ne se sont pas cassés ou fendus. Les autres iront directement à la papeterie.

Le problème c'est que, après une tempête, une quantité ahurissante de bois se retrouve sur le marché et les prix s'effondrent. S'il s'agit d'arbres feuillus de valeur, il sera possible de les sortir du terrain et de les stocker pour les vendre plus tard, quand les cours seront remontés. Mais il va falloir payer les frais de bûcheronnage et de débardage qui, selon le volume de bois, vont représenter une masse financière importante. À ce moment-là, certains propriétaires se découragent, sont démotivés et veulent vendre leur sol avant ou après la coupe.

Tout en suivant les indications trouvées dans cet ouvrage, et à condition que vous puissiez payer comptant, certaines parcelles peuvent présenter un intérêt pour vous qui maintenant avez une façon différente de regarder une forêt. Déplacez-vous dans la région dévastée et faites savoir que vous recherchez du sol forestier.

Chapitre 3
Déterminer la valeur d'une forêt

Un calcul selon trois critères

Découvrez ici comment calculer la vraie valeur de la forêt dont vous êtes déjà propriétaire ou que vous envisagez d'acheter selon trois critères, totalement différents de ceux de la méthode classique basée sur la valeur des arbres sur pied (celle-ci est ici secondaire) :

- Le nombre des ressources naturelles et leur valeur ;
- Le nombre des sources de revenus et leur valeur ;
- La valeur du terrain proposé à l'achat.

Le total correspond à la valeur exacte de votre patrimoine ou de ce qui va le devenir.

Critères de calcul	Valeur moyenne	Nombre de ressources
Le potentiel en ressources naturelles		
Le potentiel en sources de revenus		
Le prix proposé à l'achat : Valeur du sol nu : + Valeur des arbres :	- 1 500 €/ha de 1 500 à 2 000 de 2 000 à 3 000	
Total : Valeur d'une forêt		

(Les valeurs indiquées sont variables.)

Il ne peut y avoir une seule échelle de valeur puisqu'il y a plusieurs ressources potentielles et qu'il y a peu de chances que vous les cumuliez sur une même parcelle, quelle que soit sa dimension. Il y aura donc autant de cas particuliers qui se présenteront selon le terrain. Mais un classement en valeur de chacune de ces ressources est possible. Faites des recherches sur ces ressources essentielles, sans oublier encore une fois que la forêt idéale est celle que l'on n'exploite pas.

Orienter ses recherches

Où chercher ?

À qui appartiennent le sol, le sous-sol ? Nous ne sommes pas un pays de pionniers, nous n'avons pas conquis nos terres et nos forêts en combattant ou en obtenant des concessions, tout simplement un acte notarié nous donne un titre de propriété. Nous payons ces terres avec de l'argent gagné par notre travail ou reçu en héritage. Ce droit est juste, il s'exerce en surface et jusqu'à une certaine profondeur, parce que la liberté individuelle ne doit pas s'exercer au détriment du bien public, et celui-ci commence dès lors qu'une richesse peut lui être utile.

Quelle est cette profondeur ? En toute logique, je dirais jusqu'à la limite verticale des racines. Certes c'est un peu aléatoire, quand on sait que certaines peuvent descendre à plusieurs dizaines de mètres. C'est une profondeur très faible si vous trouvez des ruines pouvant avoir un intérêt archéologique. Attention, la législation change d'un pays à un autre, vous ne devez rien entreprendre sans avoir consulté le maire et, si vous devez aller plus loin, le Bureau de recherches géologiques et minières, qui opère pratiquement dans tous les pays.

Le sous-sol est communément défini comme étant la couche du sol immédiatement située sous la couche arable. Ce qui prête presque à confusion puisque le mot « sol » est utilisé ! À qui appartiennent donc les souterrains situés sous votre propriété ? À vous, car c'est un ancien propriétaire qui les a fait creuser avec ou sans autorisation il y a probablement bien longtemps. Les tunnels ferroviaires ou routiers, eux, appartiennent à celui qui a reçu une concession d'exploitation. Et dans ce cas, la notion de profondeur n'intervient plus puisque ce qui est situé entre ces souterrains ou ces tunnels et le sol en surface ne vous appartient pas pour autant.

Mais je préfère m'en tenir au droit régi par le Code minier : « Il faut savoir qu'en France, un propriétaire possède un terrain et son sous-sol sauf dans le cas, prévu par le Code minier en 1810, où des ressources minières ou pétrolifères se trouvent dans ce sous-sol, auquel cas elles appartiennent à l'État français et plus au propriétaire du terrain. »

Pour résumer, vous êtes propriétaire du sol et du sous-sol sauf si vous découvrez une richesse ayant un intérêt économique pour le bien public. D'où la nécessité de distinguer les ressources naturelles vives – l'eau par exemple – et inertes – les minerais. Ces précisions étant faites, les forêts ont un potentiel remarquable. J'ai tout au long de cet ouvrage attiré votre attention sur les autres ressources que le bois sur pied, ces ressources invisibles tant que vous ne les cherchez pas. On l'a vu, vous êtes susceptible de trouver quelque chose en superficie, c'est-à-dire sur votre sol, enfoui à fleur de terre, ou en profondeur.

Bien sûr ce n'est pas automatique, vous pouvez ne jamais rien trouver sur vos terres, même si vous en achetez des dizaines, comme vous pouvez trouver plusieurs éléments sur une seule et même petite parcelle. Mais, c'est mathématique : plus vous aurez de superficie, plus vous augmenterez vos chances de trouver ne serait-ce que l'un d'entre eux. Raison pour laquelle je préconise, si vous vous décidez à acquérir un bois-taillis, d'acheter cinq parcelles de 10 hectares plutôt que 50 hectares d'un seul tenant.

Comment chercher ?

Le nom de lieu est une des meilleures indications. Étudiez la feuille cadastrale de votre parcelle ou la carte IGN au 1/25 000 : elle comporte de nombreux noms, dont certains parlent mieux qu'un long discours. Prenons comme exemple le lieu-dit « la Pierre de Bedorgne » (carte topographique 17 29 Civray Ouest). Si je possédais cette parcelle, ce nom m'interpellerait et je chercherais à connaître son origine, si cette pierre existe et quelle en est la provenance. « Le Pré de la Fontaine » indique la présence d'un ancien point d'eau. Sur la même carte, vous serez interpellé par une dizaine de noms typiques liés aux origines du lieu-dit.

Regardez aussi les panneaux indicateurs près de chez vous, tout aussi révélateurs. Le latin voisine avec le celtique : armez-vous de bons dictionnaires des noms de lieux et géographiques…

Interrogez vos voisins, le maire, sur ce qu'ils savent à propos du bois.

Mais le plus simple, pour commencer, c'est de parcourir en tous sens vos bois afin de détecter ce qui n'a aucun rapport avec les arbres.

Attention, parcourir son bois, son sol, à pied ne peut suffire pour détecter ce qui ne peut se voir immédiatement à l'œil nu. D'autres moyens scientifiques existent. Je vous les donne ici pour que vous sachiez ce qu'il convient de faire pour détecter le plus de ressources présentes. La plupart d'entre eux ne peuvent être utilisés que pour des surfaces relativement importantes ou en association avec d'autres propriétaires forestiers pour mettre en commun des moyens efficaces au service de vos recherches : le GPS, afin de déterminer les limites exactes de votre parcelle et l'emplacement de votre massif ; la télédétection par laser ; l'imagerie par satellite ; la technique dite du « balayage », qui efface les arbres à l'aide d'appareils sophistiqués ; la prospection géophysique ; la photo aérienne.

Déterminer les limites de votre propriété

Il y a un monde entre le plan cadastral et le report de ce dernier sur le terrain. La plupart des indications du plan ne sont pas reportées localement, alors, pour ne pas vous tromper, il est tout à fait indispensable de vous faire accompagner par le vendeur, si vous achetez, et même par vos voisins. En effet, selon la taille de votre parcelle, vous pouvez en avoir plusieurs, ce qui compliquera votre tâche.

Sur place, il existe toujours des bornes : une grosse pierre plantée à un angle, un ou plusieurs fossés, un talus, ou encore dans certaines régions des cognassiers, parce que cette essence ne drageonne pas, c'est-à-dire qu'elle n'a pas de rejets au pied. Pensez à amener du ruban pour vous repérer et (ou) de la peinture, qui ne peut être déplacée. Les pierres d'angle doivent être bien enfoncées dans le sol, sinon elles peuvent avoir été déplacées. Vous allez pouvoir déterminer précisément le contour et les limites de votre petite parcelle sans acheter de logiciel ni de GPS appropriés. Mais si vous voulez vous professionnaliser, équipez-vous.

Du temps pour chercher

Remémorez-vous bien tout ce que vous venez de lire et allez-y étape par étape. J'ai parlé de tous les cas de figure mais vous n'aurez pas à tout tester, cela dépendra de la configuration de votre terrain. Que vous soyez déjà propriétaire forestier ou en recherche pour investir, prenez le temps. D'ailleurs, tentons une évaluation de ce temps.

Pour la recherche d'une forêt ou d'un bois-taillis, il vous faudra entre une semaine et un mois, selon vos disponibilités pour vous y consacrer. Une fois que vous avez déterminé vos motivations pour l'achat d'une forêt et que vous avez choisi la région, contactez les vendeurs par les agences, les notaires, etc., ou mieux, si vous cherchez à un endroit précis, recherchez au cadastre les noms de propriétaires.

Comptez après le temps de la visite, de quelques heures à une journée selon la surface. Cette première visite va vous permettre de vous faire une opinion. Référez-vous à toutes les ressources, toutes les sources de revenus citées dans cet ouvrage.

Premièrement, prenez bien votre temps pendant cette visite et, si quelques-unes de ces ressources sont présentes, demandez une seconde visite, si possible seul, pendant laquelle vous noterez minutieusement tout ce que vous avez repéré de façon à pouvoir arrêter définitivement votre décision.

Prenez des photos. Demandez la copie du plan cadastral et marquez ce que vous avez repéré. Si une parcelle répond déjà à deux ou trois critères (au minimum) de votre recherche, faites une offre.

Entre la signature du compromis et celle de l'acte d'achat ou de la date de désistement, approfondissez vos recherches en achetant des cartes du sous-sol au BRGM.

Et une fois que vous êtes devenu propriétaire, les recherches s'intensifient : maintenant vous pouvez effectuer des carottages, étudier sereinement chacune des possibilités offertes et y consacrer le temps nécessaire, qui va dépendre de la surface que vous possédez : une semaine à plusieurs mois.

Chapitre 4
Faire ensemble

« Les nouveaux propriétaires forestiers »

La notion de propriétaire forestier telle qu'elle existe jusqu'à présent doit disparaître. Vendre ses bois de bord de route à des scieries ou des usines de transformation, même avec appels d'offres privés au plus offrant, n'est plus d'actualité. Il s'agit aujourd'hui de tirer profit de vos bois pour obtenir des produits finis qui seront vendus à l'utilisateur final.

Pour obtenir le rendement optimum, je vous conseille de vous rapprocher d'autres propriétaires pour former un groupement que j'appellerais « les nouveaux propriétaires forestiers ». L'objectif est de transformer ensemble pour des produits finis sans passer par des exploitants forestiers, en supprimant l'étape du scieur et même celle des usines de transformation. Chacun doit devenir son propre transformateur.

Cela suppose un gros volume de bois et passe sans doute par une spécialisation des produits. Mais c'est de loin la meilleure solution, surtout lorsque vous possédez des arbres de valeur. Les scieurs eux-mêmes se spécialisent de plus en plus dans des produits à forte valeur ajoutée.

En effet, pourquoi ne pas posséder sa propre parqueterie de chênes ou d'acacias (laissez de côté le châtaignier), ou, pour aller encore plus loin dans la recherche de rendement, un outil de transformation en tonnellerie ? Dans ce cas, le minimum serait, pour un propriétaire forestier, de transformer en pré-débits pour la réalisation de tonneaux.

Il faut que quelques propriétaires se réunissent et aient une véritable envie de ne plus dépendre des métiers intermédiaires. C'est faisable avec peu de matériel, une bonne organisation et une ferme volonté. C'est à vous, propriétaire, de décider de votre avenir. Ne le laissez pas aux mains des conseillers forestiers.

La forêt, c'est autre chose qu'un sol sur lequel poussent des arbres que l'on coupe à intervalles réguliers. C'est bien plus que cela. Et c'est là que réside toute la différence avec un investissement traditionnel.

Protéger les zones forestières

Une institution peut, au nom de la protection – légitime – de la nature, vous contraindre à ne pas couper vos arbres. Cela pose la question du droit de propriété. Après avoir cherché toutes les autres possibilités de ressources, si aucune ne s'applique chez vous, les arbres sont votre revenu, de la même manière qu'un loyer pour un appartement ou une maison, un hangar ou une usine dont vous louez les murs. J'estime qu'il devrait y avoir une compensation solide.

Si on veut protéger des zones forestières dans un objectif de sauvegarde de l'environnement et de maintien d'espèces forestières ou pour en faire des lieux dédiés au public, pourquoi ne pas créer une agence publique sur le même modèle que l'Agence du littoral, qui acquiert des terrains en bordure de mer grâce à la négociation avec les propriétaires, par préemption, méthode contraignante ? Les propriétaires forestiers peuvent faire don de leur(s) parcelle(s). Les particuliers, eux aussi, pourraient contribuer ainsi au développement de cette agence moyennant avantages fiscaux, avec interdiction pour cette agence de les revendre... De la même manière, cette agence de la forêt pourrait regrouper les petites parcelles forestières, qui constituent une plaie dans la forêt française et dans la plupart des forêts européennes.

L'entraide

Le droit d'usage

En forêt domaniale, l'entraide existe depuis la nuit des temps. Les particuliers appartenant à une même communauté disposaient en propre de terrains forestiers pour faire paître leur bétail, pour récolter le bois nécessaire pour se chauffer ou bâtir (pas pour le revendre) en quantité raisonnable (bois d'usage).

Un garde forestier

Avoir un garde forestier n'est pas réservé à l'ONF, les propriétaires privés peuvent avoir le leur. À moins de disposer d'une très grande propriété, il faut se regrouper à plusieurs, entre voisins, pour engager un garde. Celui-ci sera assermenté, devra obtenir l'agrément de la préfecture, prêter serment, aura une compétence limitée aux propriétés qu'il gardera, mais là pourra dresser un procès-verbal.

Il sera rémunéré par les propriétaires. Il devra préserver les forêts des intrusions non autorisées, des coupes de bois, du braconnage, des pique-niques, des risques d'incendie, de la pêche en étang, et il devra également surveiller les travaux engagés.

Un drone

Les pieds à coulisse, la croix du bûcheron, sont à reléguer aux oubliettes. Ils sont remplacés très avantageusement par des instruments sophistiqués et d'une grande précision, dont le drone, devenu indispensable pour survoler la forêt et ainsi la découvrir ou la surveiller. Il permet d'établir un diagnostic sur son état sanitaire et sa croissance. À l'ère de la technologie, on peut se demander s'il ne serait pas utile d'installer des caméras de surveillance... Cela « dénaturerait la nature », certes, mais peut-être aideraient-elles à prévenir les incendies, par exemple.

Re-grouper *versus* grouper

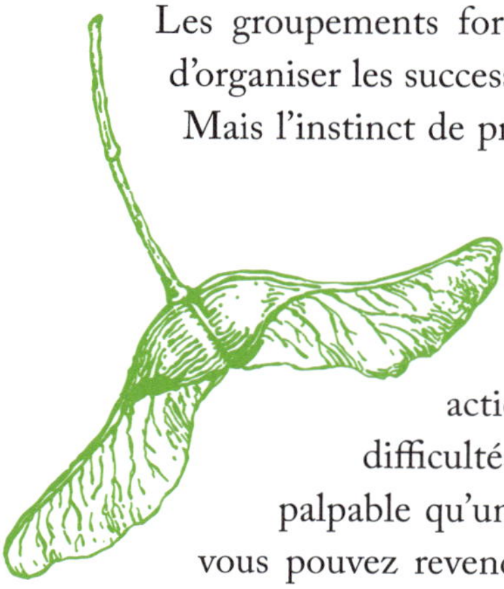

Les groupements forestiers ont été créés en 1954 pour permettre d'organiser les successions sans découper les forêts entre les héritiers. Mais l'instinct de propriété se satisfait mal d'une part papier, et ce, en ce qui concerne la propriété forestière plus qu'ailleurs pour des raisons historiques, la forêt ayant autrefois appartenu à la noblesse.

Acheter des parts, c'est comme acheter des actions, avec l'inconvénient d'avoir beaucoup de difficultés pour les revendre. Et ce n'est pas aussi tangible, palpable qu'un acte de propriété à votre nom et un bois que vous pouvez revendre à tout moment. D'où le peu d'intérêt que suscite à mon sens cette formule du groupement forestier.

Il s'agit donc bien là de re-grouper les parcelles – la différence est fondamentale –, les milliers de petites parcelles boisées dont un grand nombre de propriétaires seraient bien incapables de trouver l'emplacement. Même si maintenant, avec le GPS, la localisation est devenue facile, exploiter sa petite parcelle est compliqué, car il faut prendre soin de ne pas empiéter sur la propriété du voisin, ce qui occasionne une perte de temps inouïe. Le quasi-abandon de ces petites parcelles est un frein au développement des forêts, et quel dommage de laisser ces sources de revenus qu'elles pourraient procurer aux propriétaires en participant à l'économie générale. Le problème est identique dans un grand nombre de pays de la vieille Europe.

Avec un re-groupement, chaque propriétaire accepterait de confier la gestion au représentant élu tout en conservant les droits de feu et d'accès. Lorsqu'il voudrait vendre, le nouvel acquéreur serait soumis au même régime.

D'autres systèmes et d'autres solutions existent pour favoriser le regroupement, tels que les bourses forestières en Languedoc-Roussillon, dans le Gard, une association très active à Épinal. D'autres verront le jour, avec ou sans le soutien des CRPF locaux. Une agence de la forêt permettrait d'accélérer le mouvement.

Si j'avais commencé ce livre en vous parlant de forêts de plusieurs millions d'hectares comme celles d'Amérique du Nord, de Russie, du continent africain, vous l'auriez peut-être refermé instantanément, le chiffre étant trop impressionnant pour nous Européens. C'est pour cette raison qu'il contient des indications aussi bien pour des parcelles de 2 000 mètres carrés que de 100 hectares. On sait qu'un jour on voit le bout de nos recherches de ressources, ce qui devient beaucoup plus compliqué dans le cas de milliers d'hectares et plus. Sans retourner au mode d'exploitation forestière d'il y a plusieurs dizaines d'années, essayons d'adapter des méthodes modérées qui ne détruisent pas autant qu'elles rapportent au propriétaire.

L'organisme chargé en France d'aider les propriétaires forestiers ne prend en compte que les parcelles d'une surface supérieure à 10 hectares – au-dessous ce serait un travail fastidieux. Il revient aux propriétaires de se mobiliser pour regrouper les parcelles entre voisins en créant des chemins d'accès, afin de disposer de surfaces cohérentes. Je vous propose donc de concevoir ici ce que l'on pourrait appeler des « jardins forestiers ».

Partie VI

La forêt idéale, c'est celle qu'on n'exploite pas

Ce n'est pas la planète qu'il faut sauver, c'est l'homme. En effet, dans un demi-milliard d'années, la planète sera toujours bien vivante et sans doute débarrassée de l'espèce humaine. Elle aura vécu des explosions volcaniques, des tempêtes tropicales, le réchauffement des océans et donc la remontée des eaux, des périodes glaciales qui vont leur succéder. Le renouvellement perpétuel en somme ! Ce n'est pas du pessimisme, mais une réalité, une évidence.

Et parmi tout cela, certaines de nos forêts continueront à croître, se transformant en forêts primaires, d'autres seront englouties par les tremblements de terre et transformées en charbon en quelques milliers d'années. Alors exploiter les ressources naturelles mortes me semble plus logique que de couper des arbres, qui sont le poumon de notre merveilleuse planète. Cela porte beaucoup moins à conséquence du moment que cela est fait sans augmentation de la pollution qui ronge nos villes, avec le CO_2, et nos campagnes, avec les pesticides. Sûr que l'homme trouvera les moyens de le faire intelligemment.

En dehors de tout ce qui a été évoqué précédemment – un concentré de ressources naturelles, un immense potentiel de sources de revenus et d'opportunités –, la forêt est un espace de créativité où chacun peut se retrouver, se ressourcer, c'est véritablement le poumon d'une zone géographique dépassant les frontières où la vie foisonne, grâce à des centaines d'espèces animales qui l'entretiennent.

Chapitre 1
La forêt, poumon du monde

Attention, l'énergie renouvelable ne l'est pas toujours

Jusqu'à aujourd'hui, il était couramment admis que les arbres constituaient une source de renouvellement naturelle grâce aux rejets de souche (pour les feuillus, pas les résineux, puisqu'il faut les replanter), à l'étendue souterraine de leur réseau racinaire, à leur ensemencement naturel ou artificiel, les fruits étant, la plupart du temps, plantés enrobés dans une coque de fiente portée par les oiseaux.

Le professeur Jancovici, dans ses cours à Mines Paris Tech en 2019, sans remettre en question l'aspect naturel décrit ci-dessus, fait remarquer, cartes des zones forestières du nord de l'Europe de 900 puis de 1900 à l'appui comparées à celle de notre époque, la disparition d'importants massifs et non leur augmentation, encore moins leur maintien en l'état. Dans ce cas, peut-on parler de ressources renouvelables ? La surface détruite l'a-t-elle été pour approvisionner les ménages et chauffer les bâtiments industriels, le bois étant le principal combustible dans le nord de l'Europe ? La grande majorité des coupes d'arbres restent destinées à la construction. Et de quelles essences parlons-nous ? Des résineux essentiellement, ce qui explique la disparition de grandes zones, dont l'agriculture s'est emparée. Je voulais évoquer ces différences qui interpellent et dire, avec le professeur Jancovici, que « l'énergie renouvelable ne l'est pas toujours ».

Lorsqu'un massif forestier est surexploité, lorsque le prélèvement annuel est supérieur à l'accroissement, on ne parle plus de « forêt renouvelable » mais de « déforestation ».

Protéger la forêt

Partout l'on parle de cette « déforestation », d'« exploitation outrancière » de la forêt et de ses arbres. Les cas les plus connus se trouvent en Amazonie, en Inde, mais nos forêts européennes sont menacées elles aussi, il suffit pour cela de regarder l'évolution de la place de la forêt en France sur quelques décennies, comme on vient de le voir[18].

La destruction de la forêt primaire

La déforestation est la destruction de la forêt primaire, forêt n'ayant jamais subi les assauts des hommes, n'ayant jamais été ni exploitée ni fragmentée par l'homme, au profit de terres agricoles. Et malgré une sensible prise de conscience, notamment en Chine, où le reboisement commence à être visible, l'évolution ne va pas en s'arrangeant. Car le véritable danger est justement cette destruction des forêts primaires. Nous devons replanter des arbres, mais nous ne pourrons remplacer l'écodiversité et les atouts majeurs d'une forêt primaire qui comme son nom l'indique est vierge.

Quand on pense forêt primaire on pense aux forêts tropicales, amazoniennes, etc., mais autrefois les forêts étaient toutes primaires, et c'est cette disparition-là qui est grave. En Europe, il n'en reste que très peu : la forêt de Białowieża en Pologne, la Perućica en Bosnie-Herzégovine, l'extrême nord de la Scandinavie et la laurisylve de Madère par endroits[19]. En France, il en reste quelques hectares dans les Vosges. Mais quelques hectares seulement… qui sont donc protégés : c'est la réserve naturelle du Grand-Ventron.

Lorsque la forêt flambe

Tout le monde sait, car on l'apprend dès l'école primaire, que notre vie dépend de la photosynthèse : absorption du dioxyde de carbone et production d'oxygène… C'est aussi pour cela qu'il fait si bon se promener en forêt, pour y prendre un bon bol d'air pur ! La forêt est donc le poumon du monde. Je devrais dire que « les forêts sont les poumons du monde » car, contrairement à nous qui n'en possédons que deux, la Terre, elle, en possède des milliers comme autant de massifs forestiers dispersés un peu partout.

Heureusement qu'il en est ainsi, car lorsque l'une des forêts flambe, comme c'est le cas régulièrement en Californie, au Canada, au Portugal, en Asie, en

18. Le site suivant permet une bonne visibilité de cette évolution : www.globalforestwatch.org
19. Source : www.futura-sciences.com/planete/dossiers/botanique-foret-structure-ecosysteme-1088/page/4/

Afrique, en Amazonie, toutes ne vivent pas ce fléau, véritable cancer de la terre. Et ce ne sont pas les Canadairs qui peuvent y changer grand-chose… l'incendie ne s'arrête que lorsqu'il ne trouve plus d'arbres à dévorer, à la lisière d'une large rivière ou au dernier buisson.

Plus les forêts sont grandes plus elles sont vulnérables, impossibles à contrôler. En Russie, où la surface forestière est mille fois plus importante que chez nous, que représentent 1 000 hectares partis en fumée ? Ce qui est une catastrophe nationale en France n'occasionne même pas une ligne dans les journaux russes.

Le défrichage est une des causes de ces catastrophes, et c'est désespérant car provoqué par la main de l'homme, qui a toujours pris un immense plaisir à détruire ses richesses naturelles sous prétexte d'en créer d'autres. Certes les arbres repoussent après un incendie et la forêt se régénère en peu de temps – même les résineux, car ils sèment leurs fruits sous l'effet de la chaleur –, des graines enfouies dans l'humus n'attendant que l'occasion de s'épanouir, la matière organique faisant son travail d'engraissement. Mais après un défrichage en Amazonie par exemple, la terre est cultivable pendant quelques années puis abandonnée à son triste sort.

Chaque arbre compte, replantez

Replanter est l'unique solution, même si elle est extrêmement coûteuse, car ces arbres partis en fumée sont des poumons en moins, de l'oxygène perdu – parce que chaque arbre produit de l'oxygène et de la vapeur d'eau –, du gaz carbonique relâché dans l'atmosphère.

Cependant, vous comprenez pourquoi chaque arbre compte, chaque arbre apporte sa pierre à l'édifice si fragile de notre planète, comme le colibri sa goutte d'eau pour éteindre l'incendie pendant que les autres regardent !

Vous pouvez planter un arbre à tout moment, l'important est de bien choisir vos plants en fonction du terrain qui leur convient le mieux. Observez votre terrain. C'est par exemple important de comprendre pour quelle raison une clairière est dépeuplée – tempête, mauvaise terre, incendie, etc. En l'absence de références, d'historique, faites analyser la terre.

Et si on semait ?

Tout commence par la recherche de la graine la plus adaptée au sol, puis par son installation dans un petit gobelet, suivie d'un bon arrosage pour faciliter sa germination (eau + chaleur), et, lorsqu'elle prend la forme d'un embryon d'arbre, il faut alors la transférer dans le sol à son emplacement définitif. Il y aura bien sûr des pertes en nombre, dues à un terrain non fertile, à la sécheresse, à la pourriture, au piétinement et surtout aux chevreuils qui prennent le terrain pour une mangeoire. Dans nos régions, semer à la volée est la meilleure solution, le coût est celui du poids des graines à l'hectare, mais basta !

Alors, quand commencez-vous ? Il n'y a pas d'âge pour semer. À 10 ans : soixante ans après, vos arbres seront mûrs, le fruit de votre travail vous reviendra. À 80 ans : vous semez pour vos enfants, le meilleur des héritages à leur transmettre, comme pour une cuvée de bourgogne, de bordeaux, ils devront attendre et se souviendront de vous.

Créer une forêt primaire

En plantant des arbres avec une forte densité au mètre carré, vous allez reconstituer une forêt comme aux origines sur une petite surface, car il faut planter au moins cinq arbres au mètre carré, ce qui correspond à une distance de plantation de 50 centimètres. Commencez par 100 mètres carrés, ce qui représente un carré de 10 mètres de côté et cinq cents arbres feuillus.

Évitez les espèces invasives (robinier faux-acacia, eucalyptus…), pour introduire treize essences différentes : le chêne, le bouleau, le tilleul, le noisetier, l'aulne, le hêtre, le frêne, le noyer, l'aubépine, l'if, le genévrier, le prunellier, au milieu desquels un orme, espèce en voie de disparition mais qui, protégée au milieu de tous ces beaux arbres, a peut-être une chance d'émerger. De toute façon, il ne peut les contaminer. Cela constitue un total d'un peu plus de quarante plants de 4-5 ans par essence.

Où implanter cette future forêt primaire ? Dans un coin de votre jardin, à un endroit qui ne va pas gêner et où les arbres pourront pousser tranquillement sans être dérangés, sans ombre, avec juste une bonne terre de compost convenant aux arbres feuillus ; ou dans votre forêt, dans une clairière ou là où une coupe vient d'être réalisée, à condition que ce ne soient pas des arbres qui poussent trop rapidement – exclure le châtaignier par exemple.

Au début, il faudra protéger vos arbres des prédateurs, chevreuils, sangliers, et donc les entourer d'un grillage assez haut. Jetez-y simplement un œil de temps en temps pour voir si tout se passe bien, sans intervenir. Serrés comme des sardines, ils vont monter comme un seul homme. Il se pourrait bien que vous assistiez à la création d'un microclimat, les feuillus produisant de l'humidité qui va favoriser leur développement. Il se pourrait bien donc que dans un délai assez rapide vous ayez envie de recommencer la même expérience dans un autre coin du bois ou de votre jardin.

Créer le bois fruitier idéal

La région est déterminante : si vous habitez dans le Nord, l'Est, l'Ouest ou le Sud, vous ne créerez pas vos coins fruitiers avec les mêmes essences. L'idéal est toujours d'observer ce qui pousse bien là et donne de beaux fruits : des mirabelles dans l'Est, des pruneaux d'Agen dans le Sud-Ouest, des figues dans le Sud, des pommes dans le Centre. Certes, la plupart des fruitiers peuvent se comporter parfaitement dans toutes ces régions, mais pour réaliser un bois fruitier idéal il est préférable de favoriser les essences autochtones.

N'importe quelle surface conviendra, et planter les arbres en haie permet d'augmenter le volume utile. En effet, une parcelle de 50 mètres de chaque côté, soit de 2 500 mètres carrés, représente 200 mètres de haie. En donnant à celle-ci une largeur de 2 mètres, vous disposerez déjà de 400 mètres carrés de surface, qui en même temps vous isoleront des voisins et permettront aux oiseaux de nidifier et de s'ébattre sans être dérangés.

L'intérieur de la parcelle peut être aménagé avec quelques bosquets de 3 mètres de diamètre, d'autres en carrés, l'essentiel étant d'éviter à tout prix des alignements d'arbres qui donneraient une fâcheuse impression de plantation classique, puisque ce n'est pas le but recherché.

N'oubliez pas que votre terrain est un taillis, mais n'arrachez pas d'arbres, plantez dans des clairières, des espaces d'arbres morts, jamais sous le couvert de gros arbres car vos fruitiers ne pousseraient pas, mais toujours à une distance qui vous paraîtra déraisonnable au début, puis qui dans trois ou quatre ans vous semblera parfaite. Ils auront de la lumière mais pas trop, pour ne pas prendre de la hauteur qui rendrait la cueillette difficile.

Dans le Sud-Ouest, le Midi, pas au-delà, je planterais un mélange d'arbousiers à l'abri, car l'arbre est sensible aux fortes gelées, deux bouleaux pour des cures de sève, un tilleul, pas plus – et tant pis s'il prend de l'ampleur, il faudra l'élaguer régulièrement, mais pensez aux tisanes qui titillent déjà vos papilles –, deux ou trois saules auprès d'une petite mare – si vous en avez une, sinon créez-la, de 5 mètres de chaque côté.

Plus la surface sera grande, plus vous allez pouvoir augmenter le nombre des essences, des espèces : au moins un pin parasol, un saule pleureur pour la beauté du lieu, quelques chênes parmi les meilleurs et, si le sol s'y prête, quelques chênes truffiers, bien qu'ils aient un air un peu triste – les champignons qui poussent sur leurs racines ont le même aspect, mais quel goût !

Voilà mon bois fruitier idéal. Et le vôtre ?

Chapitre 2
La forêt pour se ressourcer

La plénitude en forêt

Appel de la forêt, bain de forêt, sylvothérapie, appelez cette mode, très tendance, comme vous voulez : l'important, c'est de vous jeter à l'eau sans retenue.

Le plus beau lever de soleil auquel j'ai assisté ces dernières années, c'était au mois de janvier 2010. Dans le Jura, sur le versant est, près de Lons-le-Saunier et de Poligny, à proximité du petit village de Saint-Amour, ça ne s'invente pas ! Je circulais sur une petite route verglacée, préoccupé par la forte pente, lorsque, entre deux nappes de brouillard, le soleil a surgi, énorme et orange. J'ai stoppé net, car un tel spectacle est aussi rare que le rayon vert.

Si vous voulez voir quelque chose dans vos bois, essayez d'y arriver avant le lever du jour, lorsque la forêt s'éveille et s'étire doucement. Faites-le au moins une fois, vous êtes pratiquement sûr d'assister à un phénomène imprévisible, étonnant et qui vous mettra de bonne humeur pour le reste de la journée.

Se perdre en forêt donne une sensation de liberté et d'aventure, et ceux qui recherchent des petites frayeurs seront servis ; une bouteille d'eau et un solide sandwich sont fortement conseillés si vous partez seul. Faites l'expérience d'une sieste au pied d'un arbre et écoutez les cris des animaux : vous serez étonné de les voir passer à proximité de vous, aussi bien par curiosité que par distraction, dès l'instant où vous ne faites pas de bruit.

Si j'avais un arbre fétiche, ce serait sans conteste le cèdre, qui a fait vivre ma famille pendant des années, mais l'arbousier a une nature tout à fait extraordinaire car la même année il porte des fleurs, des fruits en attente de mûrissement, et d'autres consommables immédiatement : un cycle « trois en un ». Fantastique. Le genévrier n'en porte que deux à la fois, c'est déjà bien.

Rien ne vaut une randonnée au milieu des pins maritimes ou des douglas, l'odeur de leurs aiguilles vous enivre véritablement et vous en ressortez groggy et revigoré pour des jours. Les bienfaits des séjours en forêt résineuse ne sont plus à démontrer, car sur le plan physique et psychique ils apportent une plénitude, un calme bien recherché par les citadins, qui les apprécient sans s'en lasser. Si les sanatoriums étaient installés en altitude, c'était parce que l'on n'avait rien trouvé de plus efficace pour soigner les patients atteints de tuberculose.

Selon une étude japonaise, se promener en forêt aurait des effets physiologiques positifs indéniables. Le département « forêts » du gouvernement japonais a décidé de mettre en place un programme expérimental autour de la sylvothérapie en y associant les forestiers et le corps médical.

Du ludique dans votre forêt

L'inconvénient des forêts, c'est qu'elles semblent un peu statiques. Quoique lorsque les vents soufflent en tempête, le spectacle soit superbe, même s'il vaut mieux s'en éloigner. Les grands arbres se plient, l'orage gronde, les éclairs traversent les clairières, mais vous ne pouvez pas inviter de spectateurs, comme ceux, médusés, qui regardent le vent gonfler les voiles des bateaux lors des régates. Les autorités seraient indignées et mettraient fin à ce qui serait considéré comme mise en danger de la vie d'autrui.

Vous pouvez par contre organiser des spectacles, comme il s'en pratique dans de nombreux pays forestiers, Pays basque, Autriche, avec des coupes de tronc à la hache ou au passe-partout, longue et large scie tirée par deux bûcherons de part et d'autre de l'arbre. Nous n'aimons pas trop que l'on touche à nos arbres, mais quand ils sont tombés par eux-mêmes, c'est l'occasion pour les hommes les plus costauds de la forêt de montrer ce qui se pratiquait traditionnellement il y a encore peu de temps.

Et si vous faisiez monter des grimpeurs le long des troncs pour élaguer les branches afin d'installer des filets dans la canopée pour amener quelques personnes voir le ciel de plus près et d'organiser un spectacle autour des étoiles ?

Du bois dans votre quotidien

Ai-je assez insisté tout au long de l'ouvrage sur tous les bienfaits du bois ? Il en est que j'ai peu abordés, ceux qui accompagnent votre quotidien.

Les emballages

Il y a peu de temps encore, les caisses d'emballage, les cageots, les caissettes, les plateaux, en bois, étaient omniprésents dans notre quotidien, pour transporter les fruits et les légumes. Ils sont de plus en plus remplacés par des cageots en plastique tous de la même couleur, du même calibre, réutilisables à volonté, *a priori* pour des raisons sanitaires, mais qui ne sont en tout cas pas très écologiques.

Ces emballages en bois étaient beaux, sentaient bon ou avaient une odeur neutre, et chacun d'entre nous leur trouvait une autre destination, pour ranger des affaires, des outils, ou tout simplement leur rendait leur utilité première en y posant les fruits de son verger. Et ils finissaient toujours comme allume-feu. Les fleins à claire-voie servaient à transporter plusieurs caissettes de fraises, de framboises ou de cassis, qui ne tardaient pas à trouver preneurs. Les paniers à champignons de Paris donnaient l'envie irrésistible d'une omelette généreuse et parfumée.

Vous en trouverez encore, peut-être, comme si c'était hier, chez les producteurs indépendants vendant leurs produits en circuit court, mais les filières industrielles du bois s'effondrent les unes après les autres à cause des règles européennes. Il reste les bourriches d'huîtres qui, elles, ne risquent pas d'être fabriquées dans une autre matière, le carton absorbant mal l'eau de mer, et vous continuerez à voir, là aussi pour longtemps, les paniers cylindriques où trône une belle motte de beurre de baratte dans les bonnes crémeries.

Ces emballages appartiennent donc encore un peu à notre quotidien et nous apportent du bonheur, source de bonne santé. Un bois domine pour leur fabrication : le peuplier, pour sa légèreté. Et dans une moindre mesure le hêtre. En sciage pour l'expédition, en bois déroulés ou tranchés pour les plus petits produits qui sont ainsi mis en valeur et sentent bon le terroir.

Un camembert Lanquetot, un Le Petit, ne peuvent être emballés autrement que dans une boîte à fromage en bois déroulé de peuplier, et s'ils sont enroulés dans un papier imprimé portant les mentions légales, le mode de fabrication, au lait cru non pasteurisé, nul ne peut nier l'influence du bois, qui ne lui donne pas à proprement parler de goût, mais ne lui enlève rien de sa saveur.

Sur les étalages des crémeries, vous observerez quelquefois des planchettes sur lesquelles sont posés plusieurs fromages, eux-mêmes enveloppés avec des feuilles de châtaignier, simplement pour inciter votre regard à se poser à cet endroit, symbole de savoir-faire et de bon goût. Les belles choses ne se perdent pas.

L'ameublement

Le bois est chaleureux et continuera à être bien présent dans nos maisons. Vous le savez peut-être, dans les pays nordiques, tout le mobilier intérieur est en bois blanc, du sapin du Nord, en fait de l'épicéa, et en orme et bouleau. L'amour de la maison se conjugue avec celui du bois qui pousse à proximité. Puisqu'ils ont tout sur place, pourquoi aller chercher ailleurs ? Nous avons un peu le travers de délaisser ce qui ne nous plaît plus pour faire venir de très loin ce que nous pensons être le *must*. Nous n'aimons pas assez nos essences de bois, alors qu'un meuble en orme est d'une chaleur intense. La vue d'un plateau de platane bien large donne irrésistiblement envie de faire fabriquer une table de salle à manger. Les dessins et rainures en sont sublimes. Et pourtant, cette essence n'étant pas considérée comme précieuse, elle est peu employée.

Imaginez un parquet en chêne, une table pour l'apéritif en merisier, où l'on placerait un plat en olivier, des étagères en frêne olivier, sur lesquelles seraient posés délicatement de beaux instruments de musique, comme un violon en épicéa, et, sur le sol, un tapis en peau de mouton.

Les générations actuelles préfèrent des meubles démontables ou, mieux, montés par le distributeur sur place, non pas parce qu'ils n'aiment pas le bois mais par pure commodité – il est vrai que le bois massif pèse lourd. J'ai moi-même un bureau fabriqué en frêne olivier, superbe mais intransportable. J'ai envie d'ajouter : éternel…

Une éclade pour la convivialité

Les Charentais disent que la recette est de chez eux, les Landais aussi, alors, allez savoir… Tous les foyers qui en possèdent l'ingrédient de base, les aiguilles de pins, sont bienheureux ! Car sans pins maritimes ou mélèzes autour de chez vous, vous ne pourrez pas déguster ce plat qui coûte au maximum 2 € par convive.

Voici donc une recette extraordinaire de moules, de préférence des moules de bouchots, c'est-à-dire celles qui ont poussé sur des pieux de chêne.

Choisissez un lieu peu exposé au vent, loin de toute habitation et d'arbres, sur un sol ne permettant pas que le feu se propage alentour, et ayez à portée de main un tuyau d'arrosage ou un seau d'eau bien rempli.

Suivez ces précautions pour votre sécurité et celle de vos voisins.

- Munissez-vous d'une plaque en acier ou en fonte que vous installerez sur des tréteaux bien solides, ou si vous préférez sur un muret en pierre, ou carrément sur quatre pierres, sur laquelle vous allez déposer une grille qui aura pour but de séparer la planche des moules.
- Commencez par positionner, avec un soin et une technique toute particulière, une rangée de moules la partie ouvrante vers le bas, la pointe vers le haut. Toute la difficulté réside dans le positionnement des premières moules, les autres suivront automatiquement. Avec la chaleur intense et éphémère du feu, vos moules vont s'ouvrir en quelques minutes, libérant ainsi leur eau, d'où ce sens d'installation.
- Pour maintenir les moules du centre, qui va prendre la forme d'un colimaçon, entourez-les de papier aluminium de façon à ce qu'elles ne glissent pas et se maintiennent parfaitement ; sinon vous devriez tout recommencer et c'est très énervant. Quand vous avez fini d'installer une première couche très large, d'environ 70-80 centimètres de diamètre, couvrez-la d'une couche de 50 centimètres d'aiguilles de pin.

Voilà, c'est prêt. Vous pouvez mettre le feu avec une allumette, cela démarrera instantanément. Au bout de quatre ou cinq minutes, il ne restera pas la moindre aiguille, mais des cendres. Munissez-vous d'un petit balai souple, qui va vous servir à enlever cette cendre très salissante. Il ne faut pas avoir peur de s'en mettre plein les doigts, l'odeur fantastique de ces aiguilles qui viennent de se consumer vous donne un avant-goût de votre imminente dégustation.

Pour cela, il n'y a qu'une seule façon de faire, les prendre les unes après les autres entre vos doigts et piquer la chair avec une fourchette, un cure-dent ou la coque d'une moule vide. C'est succulent et cela n'a rien à voir avec des moules à la crème ou au vin blanc. Cette recette n'a pas son pareil diététiquement : ni gras ni sel ! Vous allez vous en souvenir pour la vie. Et vous rirez de vos mains sales. Comme disent les Ibères : *Aproveche !* Dégustez !

Chapitre 3
Les animaux de la forêt

Lorsque l'on entre dans une forêt, il ne faut jamais perdre de vue que celle-ci est l'habitat de nombreux animaux et insectes. Leur territoire a déjà beaucoup diminué et ils se voient contraints à vivre selon nos habitudes. Imaginez ce que l'arrivée d'un bûcheron, le débordement d'une rivière ou un incendie représentent pour eux… Je ne pouvais pas écrire un livre sur la forêt sans parler de cette faune qui la peuple et vit avec elle. Ils étaient là avant vous, ils seront là après, car ils font vivre la forêt ! Leur vie contribue à part entière à la biodiversité de la forêt.

Qui sont-ils ? Où vivent-ils ? Comment vivent-ils ?

L'écureuil est sans doute le moins sauvage, les mulots s'enfoncent dans la terre ou se cachent dans les racines, le renard rentre dans sa tanière où il garde les poules chapardées, la hulotte (abonnez-vous sans tarder à la revue éponyme créée par Pierre Déom, elle est unique) et le hibou ont une préférence pour les vieux troncs. La marmotte creuse des galeries avec chambre à coucher et cabinets séparés. Ses petits hériteront du terrier, qui se transmet de génération en génération. Les petits oiseaux sont les plus vulnérables, ils nichent où ils le peuvent, souvent dans des buissons. Le hérisson se cache sous les tas de feuilles. Considérée comme nuisible lorsqu'elle fait des mottes sur le gazon, la taupe est accueillie avec bienveillance en forêt car elle laboure le sol. Le castor est le meilleur bâtisseur du monde du moment qu'il n'érige pas ses barrages en travers des ruisseaux, provoquant des inondations. Le chevreuil passe inaperçu lorsqu'il reste immobile derrière un arbuste touffu. Les fourmis n'aiment pas du tout, vraiment pas, les fortes pluies qui font écrouler leur fourmilière, mais elles reconstruisent inlassablement. Le pic-vert enquiquine toute la forêt lorsqu'il tape comme un fou sur les troncs et il n'y a que ces idiots de vers pour mettre leur nez dehors. Trop tard ! Le martin-pêcheur plonge inlassablement sans déranger personne. Ce monde délicieux vit en parfaite harmonie.

Si vous voulez que ces animaux continuent à grimper sur vos arbres, à sauter de branches en branches, à enrichir votre sol de leurs excréments, à chanter quand vous êtes là, à débarrasser vos bois des parasites, alors vous devez partager avec eux les produits qui poussent ici, les fruits des genévriers et sorbiers des oiseleurs dont ils raffolent, les myrtilles ; laissez les noisetiers, qui n'ont pour vous aucune valeur mais pour eux une grande.

Si vous voulez que les oiseaux reviennent chaque année – ou, mieux, s'installent –, ils doivent pouvoir retrouver leurs nichoirs.

Si vous voulez les voir, ne faites pas plus de bruit qu'il ne faut pour qu'ils s'habituent à vous et vous laissent les approcher, et peut-être ainsi nous croiront-ils devenus meilleurs.

Ce que j'aime dans la propriété forestière, c'est qu'elle ne l'est que sur le papier. Elle est le lieu de passage d'oiseaux migrateurs, le lieu de vie de diverses espèces que vous allez découvrir, l'endroit où les diurnes dorment à l'abri, les nocturnes étant là pour assurer une dissuasion.

Votre devoir est de les protéger, de leur assurer un peu de nourriture en hiver, des abreuvoirs pour étancher leur soif et leur toilette. Quoi de plus beau qu'un oiseau qui s'ébroue dans une flaque d'eau ? En l'absence de points d'eau à proximité, vous devez en installer au sol pour les quatre pattes, grâce à un trou dans le sol avec un fond imperméable ou à une vieille souche que vous aurez repérée en période de pluie. Dans les arbres, vous pourrez attacher des tuiles creuses.

Toutes les espèces doivent être protégées, sans distinction. Et cela commence par le respect de l'interdiction de poser des pièges, de chasser les oiseaux autres que ceux autorisés (voir la LPO). Vous devez empêcher le vandalisme : il y en a peu, mais lorsque cela arrive, il est nécessaire de déposer plainte. Recueillez les oiseaux blessés, soignez-les si vous savez le faire, sans jamais les mettre dans une cage mais au fond d'un carton aux parois assez hautes pour qu'ils ne puissent pas sortir, ouvert en haut. Enterrez les victimes de mort violente à cause d'un voyage épuisant ou touchés par une maladie.

Ils vous en seront bien plus reconnaissants que vous ne pouvez l'imaginer.

Ne manquez pas de les observer. Une toute petite parcelle suffit. L'éveil des enfants devrait commencer par une balade dans un bois, pour écouter, regarder, et les adultes eux-mêmes en savent si peu sur ce petit monde… Peut-être pourrez-vous même les apprivoiser.

Conclusion

Jusqu'à aujourd'hui, la seule façon de gérer une forêt consistait à appliquer la méthode de sylviculture traditionnelle qui a fait ses preuves depuis des centaines d'années : recueillir les plus belles graines, obtenir des plants résistants aux intempéries et maladies, les faire pousser jusqu'à obtenir au bout d'un siècle de magnifiques grumes et enfin les exploiter. Mais cette façon de produire délaissait les bois-taillis, qui pourtant constituent la moitié des surfaces forestières.

Verre à demi plein ou à demi vide ? Nous avions une partie du verre plein.

C'est cette moitié du verre que ce livre, que l'on peut appeler nouvelle méthode de gestion forestière, vient combler.

J'espère sincèrement que la lecture de ce livre vous a conquis. Vous apprendre à ne pas détruire le milieu forestier tout en tirant le meilleur parti d'un bois, tel était le but ambitieux que je m'étais donné.

Loin de l'Enfer vert, c'est-à-dire les forêts impénétrables d'Amazonie tel que l'explorateur Julian Duguid les a décrites dans son livre sur la traversée de la Bolivie[20], et du Désert vert, où ne pousse que du blé, et où les arbres et la végétation sont totalement absents sur des milliers d'hectares, entraînant la désertification et la disparition des pluies, j'ai fait le choix d'un milieu où l'homme a toute sa place, où la forêt ne doit pas soit tout envahir soit être absente. Vous pouvez créer un espace tel que celui-ci dans la forêt que vous possédez ou que ce livre vous a donné l'envie d'acquérir.

Il y a les forêts plantées et gérées de manière scientifique pour produire selon les règles de la sylviculture, qui sont réservées aux professionnels, et puis il y a celles où les essences se mélangent, conçues pour le plaisir, les promenades, où l'esprit se balade d'arbre en arbre, où le bonheur suinte sous les feuilles, sous le crissement des petites branches qui se rompent sous les pas. C'est dans celles-ci que ce livre vous a convié.

20. Julian Duguid, *L'Enfer vert*, traduction de M.-L. Chaulin, Payot, 1931.

Annexes

Fiche pratique n° 1

Nom de votre forêt ou de votre bois-taillis :

Ressources (à marquer d'un repère sur la carte)	Coordonnées GPS
En surface	
1. Cours d'eau : – Rivière – Ruisseau de 1 m à 3 m de large – Ruisselet de moins de 1 m de large – Or alluvionnaire (courbes et méandres)	
2. Terre arable	
3. Ruines, moulins, forges	
4. Bories, abris, refuges	
5. Grottes, cavernes, habitats troglodytes	
6. Sources mythiques (et mystiques)	
7. Terrain permettant la construction d'un hameau dans les bois en pierres sèches	
8. Potentiel touristique (chemins, arbres remarquables, parcelles pour la pêche, hameau, observatoire, mangrove…)	
9. Dolmens et pierres levées	
10. Arbres pétrifiés	
11. Animaux fossilisés	
12. Îles ou îlots	
Enfouies ou à fleur de terre	
13. Trésors (objets anciens cachés par l'homme)	
14. Vestiges archéologiques, chemins de terre, charnier animalier préhistorique	
15. – Étangs ou lacs – Possibilité d'aménager un petit port intérieur	

Évaluation des ressources naturelles

Valeur unitaire	Nombre de ressources identifiées	Valeur totale
3 3 2 2		
2		
3		
2		
3		
1		
5		
1 à 4		
1		
2		
3		
5		
1		
5		
2 à 5 3		

Ressources (à marquer d'un repère sur la carte)	Coordonnées GPS
Enfouies ou à fleur de terre	
16. Enrochements	
17. Anciens tunnels de chemin de fer	
18. Gravières	
19. Tourbières	
20. Sables	
21. Terres particulières	
22. Désert	
23. Steppe	
24. Maquis, garrigue	
25. Clairières	
26. Météorites, pierres de lune	
En profondeur	
27. Blockhaus	
28. Souterrain	
29. Nappes phréatiques	
30. Sources minérales	
31. Anciennes mines	
32. Sel gemme	
Et le bois	
33. Bois sur pied : – Taillis simple de – de 20 ans – Taillis simple de + de 20 ans	
34. Essences forestières présentes	

Valeur unitaire	Nombre de ressources identifiées	Valeur totale
1		
3		
1		
4		
2		
2		
1		
2		
2		
3		
1		
5		
1		
3		
4		
2		
1		
2 3 à 5		
	Estimation de la valeur de la forêt	

Fiche pratique n° 2

Nom de votre forêt ou de votre bois-taillis :

Sources de revenus (à marquer d'un repère sur la carte)	Coordonnées GPS
1. Écorces	
2. Résine	
3. Plantes éphémères (fragon, muguet)	
4. Arbres d'agrément	
5. Plantations naturelles (pins pignons, sapins de Noël, lavande des bois)	
6. Chasse	
7. Pêche en étang	
8. Lichens et mousses	
9. Les feuillages (buis, houx, bourgeons)	
10. Pâturage en forêt	
11. Fourrage	
12. Transformation des buis en engrais	
13. Bourgeons, jeunes pousses	
14. Production de miel	
15. Sève	
16. Truffes	
17. Champignons	
18. Cueillette de fruits sauvages	
19. Racines	
20. Récolte de semences	
21. Grottes bergeries	
22. Petit potager	
23. Production d'herbes	
24. Observation des plantes	
25. Bois pourris ou décomposés	

Évaluation des sources de revenus

Valeur unitaire	Nombre de sources de revenus identifiées	Valeur totale
2		
2		
1		
1		
2		
1		
2		
1		
1		
1		
1		
2		
1		
2		
2		
2		
1		
1		
1		
2		
2		
2		
2		
1		
1		

Sources de revenus (à marquer d'un repère sur la carte)	Coordonnées GPS
26. Construction d'un poulailler	
27. Récolte de bois flottés	
28. Énergies (vent, soleil, eau, bois)	
29. Fabrication de pellets	
30. Fabrication de charbon de bois	
31. Fabrication de compost	
32. Biomasse	
Atouts supplémentaires	
1. Route goudronnée	
2. Chemin empierré	
3. Absence de droit de passage et de toute contrainte (à regarder dans l'acte)	
4. Un droit qui s'exerce à votre profit	
5. Emplacement	
6. Spéculation	
7. Microclimat	
8. Transformation, partielle, en terre de culture	
Désavantages à ne pas négliger	
1. Un droit de passage (au profit d'un voisin)	
2. Une ligne à haute tension	
3. Une forte pente	
4. Des éléments incontrôlables	
5. Situation dans un parc national, régional	
6. Environnement écologique et politique	
7. Maladies visibles	
8. Maladies invisibles	

Valeur unitaire	Nombre de sources de revenus identifiées	Valeur totale
1		
1		
4		
1		
1		
2		
2		
3		
3		
1		
2		
2		
2		
3		
2		
- 1		
- 2		
- 2		
- 2		
- 1		
- 1		
- 1		
- 1		
	Potentiel total de la forêt	

Pour aller plus loin

Les organismes de la forêt

Centre national de la propriété forestière (CNPF) : organisme public au service des propriétaires privés (regroupe l'ensemble des CRPF). www.cnpf.fr

Centres régionaux de la propriété forestière (CRPF) : un par département. www.cnpf.fr/n/la-liste-des-crpf/n:244

Syndicats des propriétaires forestiers (un par département) : regroupent les propriétaires privés ; alimentés par une cotisation minime obligatoire calculée en fonction de la surface possédée ; adhèrent à la Fransylva.

Fédération nationale des syndicats de propriétaires forestiers sylviculteurs (Fransylva) : www.fransylva.fr

Forêt privée : regroupe les syndicats, publie des livres sur la forêt, assure la défense des propriétaires. www.foretpriveefrancaise.com

Forêt méditerranéenne : publie deux revues, l'une éponyme, l'autre appelée *La Feuille et l'Aiguille*. www.foret-mediterraneenne.org

Institut pour le développement forestier : service de recherche et développement du CNPF ; une abondance de PDF sur tous les sujets écrits par des particuliers et scientifiques fondus dans le moule de la forêt. www.cnpf.fr/idf/

Office national des forêts (ONF) : établissement public gérant les forêts de l'État. www.onf.fr

Réseau pour les alternatives forestières : www.alternativesforestieres.org

Tous ces organismes concernent l'exploitation forestière et la sylviculture (culture des arbres).

En ce qui concerne les ressources naturelles, ce livre saura vous aider à optimiser votre forêt, parce qu'il n'existe pas d'organisme correspondant. Vous pouvez cependant vous tourner vers cet organisme :

Bureau de recherches géologiques et minières (BRGM) : www.brgm.fr

Les forêts remarquables et curiosités de la nature

En France

Forêts de hêtres

Forêt d'Iraty, à cheval sur le Pays basque français (Pyrénées-Atlantiques) et espagnol : pratiquement que du hêtre ; elle porte le nom de la rivière qui la traverse, ce qui doit être un cas unique. (Mais le Pays basque et le Béarn ont longtemps constitué des réserves de beaux chênes pour la construction de la Marine royale.)

Forêt du Ciron, en Nouvelle-Aquitaine : assez petite mais remarquable car elle est millénaire. Sa position longeant la rivière du Ciron lui conférerait-elle des vertus de longévité ? On est en droit de se poser la question puisque c'est grâce à elle que le sauternes reçoit ses pourritures nobles, ce qui en fait un vin unique. Un cas d'étude pour votre futur laboratoire.

Forêts de chênes

Forêt de Tronçais, dans l'Allier : certains arbres ont un volume de bois impressionnant, plusieurs mètres cubes, des circonférences en proportion et une hauteur qui défie l'enchantement. De par la taille de leur houppier, il suffit de quelques arbres pour couvrir 1 hectare. Le bois sert à la confection des tonneaux pour le vieillissement des vins et alcools les plus raffinés (à boire avec modération !).

Forêt de Balaine, dans l'Allier : comme ci-dessus.

Forêt de Donzy, dans la Nièvre.

Curiosités et forêts uniques

Le **courant d'Huchet**, dans les Landes de Gascogne, et la **gourgue d'Asque**, dans les Hautes-Pyrénées, que l'on appelle « petite Amazonie des Pyrénées » : tous deux ressemblent aux forêts humides des tropiques. Il suffit d'un lieu abrité des grands froids et peu fréquenté pour que toutes les conditions soient réunies dans un espace confiné, ayant échappé aux tronçonneuses, aussi impénétrable qu'une jungle.

La **forêt de Brocéliande** est le berceau de la légende du roi Arthur, et on ne saurait se promener dans ce site magique sans évoquer la fée Viviane, Merlin l'enchanteur et le chevalier Lancelot !

On ne peut citer de forêts sans citer la **forêt de Sologne**, qui couvre les trois quarts du pays solognot, dont le territoire est inscrit au réseau Natura 2000.

Mais aussi

- La forêt domaniale de Fontainebleau, à 60 kilomètres au sud de Paris
- La forêt de Compiègne, à 80 kilomètres au nord de Paris
- La forêt de Bercé, dans la Sarthe
- La forêt de Gérardmer, dans les Vosges
- La forêt de Boscodon, entre le Queyras et le Mercantour
- La forêt de la Sainte-Baume, dans le Var
- La forêt de Sainte-Eulalie, dans les Landes de Gascogne

En Europe

- **Forêt primitive de Los Tilos**, à La Palma, aux îles Canaries : réserve de la biosphère de l'UNESCO depuis 2002.
- **Des forêts de cèdres** dans le Haut-Atlas au Maroc, et au Liban.
- **En Sibérie**, autour du lac Baïkal, là où Sylvain Tesson a passé six mois en plein hiver, au milieu des ours et des loups, à 50 kilomètres du voisin le plus proche.

Les arboretums, jardins botaniques, jardins des plantes, etc.

Si vous aimez la forêt et les arbres, visitez au moins une fois dans votre vie un arboretum, un jardin botanique ou un jardin des plantes. Les trois sont bien répartis sur le territoire, ainsi, le jour où vous déciderez de partir en balade, vous en trouverez forcément un dans votre département ou celui où vous voulez vous rendre. Les arboretums présentent des collections d'arbres, les jardins botaniques présentent des espèces forestières et des variétés végétales, enfin les jardins des plantes montrent des plantes poussant au milieu des arbres.

Consacrez vos visites aux domaines ayant plusieurs dizaines d'années, les créations récentes n'ont aucun intérêt forestier. Il faudra attendre.

Plus vous descendrez vers le sud, Côte-d'Azur, Catalogne, Espagne, Portugal, Croatie, Serbie, etc., plus vous en rencontrerez. Ceux situés sur la côte, alliant la mer ou l'océan et la forêt, sont mes préférés. Voici une liste non exhaustive.

Quelques arboretums

- Allier : arboretum de Balaine, à Villeneuve-sur-Allier (géré par l'ONF)
- Calvados :
  – Arboretum de la forêt de Grimbosq, à Caen
  – Arboretum de la Sablonnière, forêt de Cerisy, entre Bayeux et Saint-Lô
- Charente : arboretum Jean-Aubouin, forêt de la Mothe-Clédou, à Combiers
- Corrèze : arboretum de Chamberet
- Creuse :
  – Arboretum de la Sédelle, à Crozant
  – Arboretum du Puy de Jaule, à La Courtine-le-Trucq
- Eure : arboretum d'Harcourt
- Finistère : arboretum du Hénan, à Névez
- Gard :
  – Arboretum de Cazebonne, forêt domaniale de l'Aigoual

– Arboretum de la Foux, à Lanuéjols
– Arboretum de l'Hort-de-Dieu, massif de l'Aigoual
– Arboretum de Puéchagut, massif de l'Aigoual
– Arboretum de Saint-Sauveur-des-Pourcils

- Haute-Garonne :
  – Arboretum de Cardeilhac
  – Arboretum de Jouéou, à Bagnères-de-Luchon
- Haute-Savoie : arboretum de Ripaille, à Thonon-les-Bains
- Hauts-de-Seine : arboretum de la Vallée-aux-Loups, à Châtenay-Malabry
- Ille-et-Vilaine : Espace Loisance, à Maen-Roch
- Indre : jardins et arboretum de Poulaines
- Indre-et-Loire : arboretum de la Petite-Loiterie, à Monthodon
- Loir-et-Cher : arboretum de la Fosse, à Fontaine-les-Coteaux
- Loire : arboretum des Grands-Murcins, à Arçon
- Loiret :
  – Arboretum national des Barres, à Nogent-sur-Vernisson
  – Arboretum des Grandes-Bruyères, à Ingrannes
- Maine-et-Loire :
  – Arboretum Gaston-Allard, à Angers
  – Arboretum du parc oriental de Maulévrier
- Manche : arboretum de la forêt domaniale de Saint-Sauveur-le-Vicomte
- Meurthe-et-Moselle :
  – Arboretum d'Amance
  – Arboretum de la Sivrite, à Villers-lès-Nancy
- Paris : arboretum de l'école Du Breuil, Paris XIIe
- Puy-de-Dôme : arboretum de Royat
- Orne : arboretum de l'Étoile-des-Andaines, à Champsecret
- Saône-et-Loire : arboretum de Pézanin, à Dompierre-les-Ormes
- Seine-et-Marne : arboretum de la forêt régionale de Bréviande
- Val-d'Oise : arboretum de la Roche, à La Roche-Guyon
- Var :
  – Arboretum de Gratadis, à Saint-Raphaël
  – Arboretum de Gratteloup, forêt du Dom, à Bormes-les-Mimosas

- Vosges : arboretum du Haut-Jacques, forêt domaniale de Mortagne
- Yvelines :
  – Arboretum de Versailles-Chèvreloup, à Rocquencourt
  – Arboretum de Grignon, à Thiverval-Grignon

Pour plus d'informations sur les arboretums, vous trouverez dans le livre de Georges Plaisance *Guide des forêts de France* la liste complète des arboretums et collections dendrologiques. Consultez également la liste éditée par Rustica sur www.rustica.fr/articles-jardin/arboretums-france,5076.html

Quelques jardins botaniques et jardins remarquables

France :

- Alpes-Maritimes :
  – Villa et jardins Ephrussi de Rothschild, à Saint-Jean-Cap-Ferrat
  – Jardin botanique de la villa Thuret, à Antibes
- Aube : jardins du château du Champ-de-Bataille, à Sainte-Opportune-du-Bosc
- Bas-Rhin : jardin botanique de l'université de Strasbourg
- Cher : parc floral d'Apremont-sur-Allier
- Dordogne : Eyrignac et ses jardins, à Salignac-Eyvigues
- Essonne :
  – Jardins du château de Saint-Jean-de-Beauregard
  – Domaine de Courson, à Courson-Monteloup
- Finistère : jardin George-Delaselle, sur l'île de Batz
- Gard : la Bambouseraie en Cévennes, à Anduze
- Indre-et-Loire :
  – Jardins du château de Villandry
  – Jardins renaissance du château de Chenonceau
- Landes : jardin botanique du courant d'Huchet
- Loir-et-Cher : jardins de Chambord
- Meurthe-et-Moselle : jardin botanique Jean-Marie-Pelt, à Nancy

- Oise : grand parterre à la française de Chantilly
- Seine-et-Marne : jardin à la française du château de Vaux-le-Vicomte, à Maincy
- Yvelines : jardins à la française et à l'anglaise du château de Breteuil, à Choisel

Espagne : jardin botanique Marimurtra, à Blanes, sur la Costa Brava

Canada : jardin botanique de Montréal, l'un des plus beaux du monde

Portugal :

- Parc national de Peneda-Gerês, à la frontière de la Galice
- Jardin botanique de Lisbonne
- Jardin botanique de Coimbra (à 20 kilomètres au nord, la forêt de Buçaco, une merveille)

Quelques jardins des plantes

- Jardin des Plantes de Paris : c'est ici que le botaniste Jussieu a planté le premier cèdre de France.
- Jardin des Plantes de Bordeaux : de beaux spécimens ramenés des colonies ; anciennement privé, c'est maintenant un jardin public.
- Jardin des Plantes de Montpellier : situé en plein centre-ville, c'est le plus ancien jardin de France, créé en 1593.

À voir absolument également :

- Musée de la Boissellerie, à Bois-d'Amont, dans le Jura
- Écomusée de la Forêt méditerranéenne, à Gardanne, dans les Bouches-du-Rhône

Bibliographie

Arbres et forêts

ANSEL Jean-Luc, *Les Arbres guérisseurs*, Eyrolles, 2002.

ANSEL Jean-Luc, *Les Arbres parfumeurs*, Eyrolles, 2003.

ARMAGNAC Chantal, LAFITTE Jean-Bernard, *Le Chêne arbre roi de Gascogne*, le Vert en l'air, 2008.

AZIZ Désirée, *Le Cèdre du Liban*, Ouest-France, 1991.

CARDOT Émile, *Manuel de l'arbre pour l'enseignement sylvo-pastoral dans les écoles*, Touring-Club de France, 1907.

COLLECTIF (sous la dir. de Jean Gadant), *L'Atlas des forêts de France*, éd. Jean-Pierre de Monza, 2002.

KAYSER Renée et BALLOUHEY Pierre, *Copain des bois*, Milan, 2013.

LAUSSEL Pascale, BOITARD Marjolaine, DU BUS DE WARNAFFE Gaëtan, *Agir ensemble en forêt. Guide pratique, juridique et humain*, ECLM, 2018 (disponible au format PDF : http://docs.eclm.fr/pdf_livre/392AgirEnsembleEnForet.pdf)

LINE Les, SUTTON Anne et Myron, *Le Monde des arbres. La vie des bois et des forêts*, Audubon/Larousse, 1981.

LIVING EARTH FOUNDATION, *Forêts tropicales*, Bordas, 1990.

MATHOT Léon, *Connaître, comprendre et protéger la forêt. Initiation à l'écologie forestière*, IDF, 2016.

PLAISANCE George, *Guide des forêts de France*, la Nef de Paris, 1963.

VAUCHER Hugues, *Guide des écorces*, Delachaux et Niestlé, 1993.

Exploitation, bois...

BOUJUT Pierre, *Célébration de la barrique*, éd. du Lérot, 1983.

ENGEL Hélène, *Guide fiscal de la forêt privée*, CEEG, 2003.

CENTRE TECHNIQUE FORESTIER TROPICAL, *Bois tropicaux*, CIRAD, 1983.

CHARDONNET Jean, *Le Charbon*, Arthaud, 1949.

Collardet Jean et Besset Jean, *Bois commerciaux*, t. 1 : *Les Résineux (conifères)*, éd. H. Vial/CTBA, 1988.

Collardet Jean et Besset Jean, *Bois commerciaux*, t. 2 : *Feuillus des zones tempérées*, éd. H. Vial, 1992.

Collectif, *Vade-mecum du forestier*, Société forestière de Franche-Comté et des provinces de l'Est, 1980.

Corne Jean-Claude, *Annuaire de la construction bois-marine*, Corne J.-Cl, 1995.

Dupont G., *Distillation du bois*, Gauthiers-Villars et Cie, 1924.

Guggenbühl Paul, *Nos Bois*, Delta et Spes, 1983.

Hubert Michel, *Amélioration des taillis par balivage intensif*, IDF, 1983.

Institut pour le développement forestier, *Les Terrains boisés. Leur mise en valeur*, IDF, 1980.

La Bibliothèque juridique, *Code forestier*, édition 2018.

Rousseau Francis, *L'Univers du bois*, Solar, 2002.

Divers

Bertrand Bernard, *Cueillettes sauvages*, Plume de carotte, 2013.

Bertrand Bernard, *Le Grand Livre des ressources végétales*, Plume de carotte, 2012.

Chauve Pierre, *Des grottes et des sources*, Belin, « Pour la science », 2005.

Collectif, *Le Parc national de la Vanoise*, Chambéry, 1993.

Dauzat Albert, Deslandes Gascon, Rostaing Charles, *Dictionnaire étymologique des noms de rivières et des montagnes en France*, Klincksieck, 1978.

Duguid Julian, *L'Enfer vert*, trad. de Chaulin M.-L., Payot, 1931.

George Pierre, Verger Fernand, *Dictionnaire de la géographie*, PUF, 1996.

Ghozland Freddy, Fernandez Xavier, *L'Herbier parfumé. Histoires humaines des plantes à parfum*, Plume de carotte, 2010.

Grandin Michel, *Rivières de France*, Bourin/Julliard, 1993.

Graveline Noël, *Les Plus Beaux Jardins de France*, Minerva, 1995.

Grundmann Emmanuelle, Monchicourt Marie-Odiel, *Ingénieuse Nature*, François Bourin éd., 2011.

Nicolas Maurice-Germain, *Le Guide Médicis du radiesthésiste*, Médicis, 1951.

Pellant Chris, *Roches et Minéraux*, Bordas, « L'œil nature », 1993.

Pinard de Puyjoulon Nathalie, *Les Cabanes du Sud-Ouest. Gardiennes du temps passé*, Aubanel, 2003.

SAURY Alain, *Le Manuel de la vie sauvage ou revivre par la nature*, Dangles, 1996.

SCHALL Serge, *La Petite Pharmacie naturelle*, Plume de carotte, 2015.

SERRES Olivier de, *Le Théâtre d'agriculture et mesnage des champs*, rééd. Actes Sud, « Thésaurus », 2001.

SMEDT Marc de (dir.), *La Face cachée de la France*, Seghers, 1978.

VINCENS Bruno, PIROVANO Felix, *Des paysages et des hommes. Découvrir la France des espaces naturels aux territoires aménagés*, Plume de carotte, 2016.

WALKER Cyril, WARD David, *Fossiles*, Bordas, « L'œil nature », 2002.

Revues

Bois et forêts d'Île-de-France, trimestriel pour l'action forestière.

Cahiers de l'ASER, sans date.

Cahiers du Centre technique du bois.

DÉOM Pierre, *La Hulotte*, revue naturaliste semestrielle.

Forêt méditerranéenne, revue trimestrielle de l'Association Forêt méditerranéenne :

- ALEXANDRIAN Daniel, « Une étude sur la bruyère arborescente pour la fabrication des pipes », t. IV, n° 1, 1982.
- LAVISCI Paolo, JANIN Gérard, UZIELLI Luca, « Qualité du bois de six essences du maquis méditerranéen », t. XI, n° 1, 1989.
- PEYRE Serge, « Le micocoulier de Provence et la cravache », t. XXIV, n° 2, 2003.

Revue forestière française, éditée par AgroParis Tech.

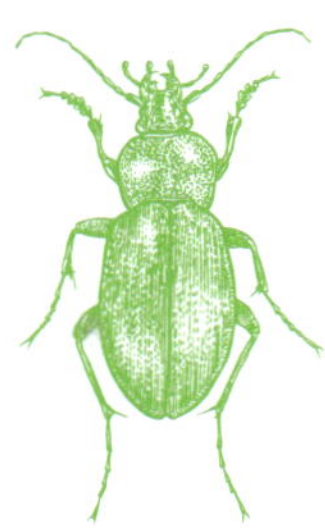

Du même auteur

Autoédition

Sur les arbres

Petit Guide des bois précieux d'Europe, 2017.
La Santé par les arbres, 2016.

Sur la créativité

Comment procéder avec méthode pour trouver la bonne idée, 2003.
Créez facilement votre gamme de produits naturels sans aucune connaissance des arbres, du bois ou des plantes, 2018.

Pour enfants

S'il te plaît, Monsieur, ne détruis pas ma forêt, 2016.
S'il te plaît, Monsieur, ne brûle pas ma maison, 2016.

Essais

Le Mystère de la petite voix, 2016.
Chaque jour est une renaissance, 2017.

Déjà parus aux éditions de Terran

Retrouvez toutes nos parutions sur **www.terran.fr**

Jardin, plantes

Bertrand Bernard, la collection du Compagnon végétal (notamment *Sous la protection du Sureau*, *Le Frêne*, *De mémoire d'Églantine*, *Le Bouleau*, *Le Châtaignier*, *Le Tilleul*)

Brochet Dominique, *Le Saule, la plante aux mille pouvoirs*, 2016.

Chaudière Maurice, *De greffes en greffes, la forêt fruitière*, 2016 (rééd).

Cox Jeff, *Jardiner avec le biochar*, 2021.

Darricau Yves, *Planter des arbres pour les abeilles*, 2018.

Dekarz Damien, *La Forêt comestible*, 2020.

Desjours Fabrice, *Jardins-forêts*, 2019.

Dupéty Jacky, *Le BRF vous connaissez ?*, 2007.

Farinelli Bernard, *Planter des haies de biodiversité*, 2019.

Giorgi Henri, *La Ruche-tronc*, 2018.

Goust Jérôme, *Arbres fourragers*, 2017.

Écoconstruction

Duc Daniel, *Devenir sourcier*, 2019.

Hidalgo López Oscar, *Manuel de construction en bambou*, 2018.

La Grange Christian, *Cabanons à vivre*, 2018.

La Grange Christian, *Minimaisons et tiny houses*, 2019.

Law Ben, *Maisons à ossature en rondins de bois*, 2017.

Valla Jean-Philippe, *Le Biogaz, manuel pratique*, 2016.

Vannerie, travail du bois

Bégot Sylvie, *Vannerie tressée et cordée au jardin*, 2016.

Bertrand Bernard, *La Vannerie sauvage*, t. 1, 2008.

Bertrand Bernard, *La Vannerie sauvage*, t. 2, 2011.

Bertrand Bernard, *Le Bois, l'outil, le geste…*, 2010.

Bertrand Bernard, *Le Travail manuel du bois, à la plane et au banc à planer*, 2016.

Chabot Didier, *Vannerie en liberté*, 2017.

Couturier Karelle, *Vannerie maison*, 2020.

OLLIVIER Babeth, *Vannerie buissonnière*, 2016.
OLLIVIER Babeth, *Vannerie grandeur nature*, 2020.

Santé, bien-être

BERTRAND Bernard, *Le Carnet des simples médecines*, 2008.
BOISTARD Stéphane, *Gemmothérapie*, 2016.
BOISTARD Stéphane, *Sylvothérapie*, 2018.
CLAVREUL Vianney, *Manuel de la vie buissonnière*, 2020.
FISCHER Doris, *(Ré)créations nature*, 2019.
LAHILLE Philippe, *Marcher pieds nus*, 2018.

Cuisine

BERTRAND Bernard, *Carnet de cuisine sauvage*, 2012.
BERTRAND Bernard et Annie-Jeanne, *Saveurs d'ortie*, 2001.
BERTRAND Bernard et Annie-Jeanne, *Saveurs de fruits sauvages*, 2009.
DELAUNAY Bruno, *Boutd'Pomme et sauvageonnes*, 2008.
SAINT-VOIRIN Lucie, *Cuisine sauvage au fil des saisons*, 2020.

Vie sauvage

LORD Jean-Marc et PELLETIER André, *Le Guide de vie et survie en forêt*, 2019.
PASCHE Kim et BERTRAND Bernard, *Arts de vie sauvage*, 2013.

Notes

Crédits iconographiques

- p. 5, 11, 36, 39, 54, 56, 61, 60, 66, 76, 84, 85, 88, 89, 97, 99, 101, 103h, 104, 116, 118, 161, 162, 165, 185 : Adobe Stock / jenesesimre *(réf. 115213863, 157129265, 166686307, 182691880, 206451563, 262452742, 283051417)*
- p. 7, 13, 64d, 94, 133, 137, 143, 146, 182 : Adobe Stock / farba2014 *(réf. 97707802)*
- p. 10, 26, 32, 34, 63, 112, 115, 130, 140, 150 : Adobe Stock / canicula *(réf. 136562456, 269017653, 270810408)*
- p. 16, 22 : Adobe Stock / Marina *(réf. 84772745, 162995963)*
- p. 25, 57, 68, 91 : Adobe Stock / Lisla *(réf. 152541377, 223674495)*
- p. 30 : Adobe Stock / Inna Sinano
- p. 37 : Adobe Stock / PikePicture *(réf. 292924306)*
- p. 43, 69, 119, 163 : Adobe Stock / Erica Guilane-Nachez *(réf. 39020107, 49880114, 55952126)*
- p. 47, 50, 78, 153, 178 : Adobe Stock / Anja Kaiser *(réf. 57688766)*
- p. 58 : collection Bernard Bertrand (source : *La Vie des plantes* de Paul Costantin et E. d'Hubert, Librairie J.-B. Baillière et fils, s. d.)
- p. 64g : Adobe Stock / aksol *(réf. 285788333)*
- p. 65, 103b, 156 : Adobe Stock / lynea *(réf. 56118292)*
- p. 71 : Adobe Stock / Oleksandr Babich *(réf. 75911882)*
- p. 87 : Adobe Stock / doublebubble_rus *(réf. 95077806)*
- p. 98 : iStock / ilbusca *(réf. 477762623)*
- p. 102, 106 : iStock / Ievgeniia Lytvynovych *(réf. 673343016)*
- p. 108 : Adobe Stock / Morphart *(réf. 106311708)*
- p. 109 : Pixabay / Mariamichelle
- p. 110 : Adobe Stock, D.R. *(réf. 188673848)*
- p. 123, 155, 159 : Adobe Stock / Lidok_L *(réf. 312928211)*
- p. 127 : collection Bernard Bertrand / Enric Capredon (source : *Au pays des feuillardiers* d'Enric Capredon, coll. « Escapade », n° 7, Institut d'études occitanes/ Ostal del libre, Aurillac, 1994)

Suivi éditorial : Coline Pons
Corrections : Anne Desmier, Anne Rastoll
Maquette : François Le Moël / idee.graphic@free.fr

Diffusion

France, Benelux : DG DIFFUSION – info@dgdiffusion.com
Suisse : TRANSAT SA / Distribution SERVIDIS SA
– transat@transatdiffusion.ch

Cet ouvrage a été achevé d'imprimer par la SEPEC en décembre 2020.
Imprimé en France. Numéro d'impression : 15535200905

PEFC 10-31-1470 / Certifié PEFC / Ce produit est issu de forêts gérées durablement et de sources contrôlées. / pefc-france.org